U0163052

50 种动物的
世界简史

【英】雅各布·F. 菲尔德博士　著

陈盛　译

北京联合出版公司
Beijing United Publishing Co.,Ltd.

目录

·⤚ ⤙·

引言

　　本书通过 50 种不同动物的故事、影响和意义，讲述从最早生命形式诞生之时到 21 世纪的世界历史。从只有在显微镜下才看得见的到巨型的，从已灭绝的到繁衍兴旺的，从被驯化的到野生的，形形色色的动物从地球的每个角落被拉来加以审视。

　　本书开篇探究了一些最重要的早期动物，包括水基动物怎样开始进化成适应陆地生活的起源动物，以及在地球上漫步了数百万年的恐龙。虽然大多数恐龙已灭绝了，但有一群却以鸟类的形式幸存了下来，并繁衍不息，延续到今天。第一章探讨了地球上的生命如何演化所引发的争论，以及加拉帕戈斯群岛上的雀鸟是如何启发达尔文提出进化论的。对于人类如何看待上帝创世说以及人类与大猿的进化联系，进化论都有着巨大的影响。第二章详细描述了人类是如何利用动物来帮助自己实现生存和发展的，而且人类对战时也会用到动物。其中包括一些最重要的被驯化的动物，从第一种被驯化的动物狗到马、鸡、猪、美洲驼等其他重要的农用物种，应有尽有。本章还详述了公元前390年左右鹅是如何拯救古罗马免于彻底毁灭的，以及鸸鹋是如何成为一场军事战役的焦点但最终却赢得了胜利的。第三章展现了动物在神话、宗教和文化中所扮演的具有重大象征意义的角色。一些动物很大程度上受到了污蔑，比如狡猾的赤狐、爱恶作剧的猴子和具毁灭性的蝙蝠；其他的动物，例如欧亚棕熊作为保护图腾而受人尊崇，鸽子则象征爱和纯洁；另一些动物，例如灰狼、狮子和鹰，还跟一些伟大的帝国和政治权力有关。第四章考察了动物是如何为科学、卫生与医疗作出贡献的。其中包括一些从绝对意义上来说是最要人命的动物，比如跳蚤和蚊子，也包括那些有助于治病的动物，比如水蛭和豚鼠。动物同样也是认真研究的对象，这种研究尤其涉及它们的智力，就像聪明的汉斯马和黑猩猩灰胡子大卫的故事所展现的那样。最后一章提供了一些动物是如何被用在贸易和工业中的例子，最早的例子追溯到被驯化的首批动物，比如牛。接着还看了看两种动物蚕和单峰驼，看在数百年间它们是如何刺激和促进长途贸易的发展的。最后，文末考察了人类是如何充分利用海洋生物的，其中特别关注了史上最大的动物——蓝鲸。

　　从动物塑造人类历史并为之作出贡献的历史进程中，我们还可以学到很多。无论它们是个别生物、大型动物家族，还是一个特定的物种，不管是在文化、经济、科学上，还是在军事、政治领域，它们都产生了重要的影响。

1

早期物种

提塔利克鱼

....

　　进化史上意义最重大的事件之一是：鱼开始从水中到陆地上生活，它们的鳍还进化成了肢翼。这标志着四足动物的起源。四足动物是一大群四肢动物的总称，包括两栖动物、爬行动物、鸟类和哺乳动物。动物一旦上岸，生命就会变得丰富多彩，因为陆地上的生存环境更多样化，而且为了适应水外的呼吸、繁殖、进食，动物所面临的挑战也更多元化。结果就是，陆地上的物种数量是海洋的十倍。

　　这个里程碑式的转变发生在泥盆纪，距今 4.19 亿至 3.59 亿年。2010 年，在位于波兰东南部的圣十字山中发现了一些四足脊椎动物的足迹化石。它们可追溯到大约 3.95 亿年前。这是已知最早的有关四足动物的证据。但尚未找到动物本身的化石。能展示动物可能是如何从水生转变为陆生的最古老的动物是一种被称为"提塔利克鱼"的史前鱼类。

　　在泥盆纪，海洋占地球面积的 85%。水中满是为生存、壮大而奋斗的生命形式和物种。早在发现提塔利克鱼之前，古生物学家就已提出理论认为：在泥盆纪的中晚期，许多动物正朝着能够在浅水、沼泽和河床中生活的方向转变，因此它们会既有水生动物的常见特征，又有陆生动物的。正因如此，研究者们就在当时是河流三角洲一部分的岩石中寻找这些动物的化石。这些化石的一个集中地就在埃尔斯米尔岛上，该岛位于加拿大的最北部，在北极圈内。泥盆纪时，它是劳亚古大陆的一部分。劳亚古大陆是"泛古陆"这个超大陆的北部，由北美、格陵兰岛和欧洲组成。因为当时赤道穿过劳亚古大陆，所以那里的气候是温暖湿热的。这意味着大陆的沿海水湾和河流里有着丰富的潜在食物。此外，生活在靠近水的地方也使动物能靠晒太阳更容易地调节体温。

2004 年，在埃尔斯米尔岛上搜寻了四年之后，一个研究团队发现了一种动物的一些化石。化石是 3.75 亿年前的。这种动物的身体构造混合了鱼和四足动物。他们把它的属（一种生物类别，"属"以下为"种"）命名为"提塔利克鱼属"。在当地土著努纳武特人的语言里，"提塔利克"的意思是大的淡水鱼。该物种不是现代四足动物的直系祖先。尽管如此，它是水生生命形式可能是如何转变为陆生的已知最早的例子。

对化石进行的分析表明，提塔利克鱼的长度可达 2.7 米。跟鱼一样，它有鳞和鳃，也有鳍条（意味着它的鳍是由小骨头支撑起来的皮肤网），这使它能更有效地划水。它还拥有更常见于四足动物的特征，例如粗肋骨和肺。此外，提塔利克鱼的鳃孔像鼻孔，在类似物种中，它也许演化成了中耳。鱼鳍里有强健的内骨骼，这也许是四足动物能演化出肢翼的原因。这意味着，提塔利克鱼在浅水区能将上半身撑起。它还能迅速抓住猎物，这要归功于一种鱼类不具备的能力——在身体不动的情况下，它那鳄鱼般的脑袋能侧转。对化石记录所做的后期分析表明，提塔利克鱼有着健壮强劲的臀部和骨盆，这赋予了后肢更强的力量。这种现象在四足动物中比在鱼类中更常见些。因此，提塔利克鱼很可能能够在潮泥滩上爬行。

陆地上，形形色色的生命形式早已立足于地表数百万年之久了。一些植物已经过渡到了陆地上，其他一些动物群体也完成了转变，例如昆虫、蛛形纲动物和软体动物。所有这些都会是水生动物可以充分利用的丰富的潜在食物来源，如果它能适应陆地生活的话。最终，提塔利克鱼在陆地上所面临的竞争比在水中少。在水中，它的对手是更大型的鱼类，有些鱼体长甚至超过6米。因为提塔利克鱼没有现存的后代物种，所以我们并不知道其进化路径最终结束在哪里。虽然提塔利克鱼也许从未完全适应陆地生活，但是它向我们展示了种类极其繁多的动物遥远的起源是如何追溯到海洋的。

狄更逊水母

狄更逊水母生活在距今5.58亿年前，是已知最古老的一科动物。它很薄，具肋状横纹结构，呈椭圆形，可长到约1.4米长。曾经一度被认为也许是一种真菌，但后来在其化石中发现了胆固醇。这表明它消化了食物，从而证明它是一种动物。

恐龙

············

很少有动物群体能像恐龙一样吸引那么多的关注、研究和兴趣。在始于 2.52 亿年前的中生代，这些爬行动物遍布地球的每个角落。然而，6600 万年前，绝大多数恐龙在一场灾难性的事件中灭绝了，该事件彻底改变了这个星球上的动物生活。

至晚从公元前 7 世纪开始，人类一直在发现恐龙的骨头和化石。一开始，没人知道它们究竟是什么。一些古人也许误以为它们是狮身鹰首兽之类神话中的生物。晚至公元 17 世纪，甚至还有一些学者认为它们是巨人族的遗骸。19 世纪初，情况开始改变。那时，越来越多的恐龙遗骸于欧洲和北美的各地出土。当时这种动物还没有名字。直到 1842 年，英国生物学家理查德·欧文爵士（1804—1892 年）正式提议将它命名为"恐龙"，意为"可怕的爬行动物"。欧文查看了出土于英格兰南部的恐龙标本。他意识到，它们是独立的群体，因为它们与同时代的其他爬行动物不同，尤其是因为它们的四肢垂直于身体的下方，而不是朝侧面摊开来。欧文的分类法开始被广泛运用。他后来为 1851 年的伦敦世界博览会提供了咨询，而且担任过王室的家教，在英国自然历史博物馆的创建过程中还发挥了至关重要的作用。19 世纪下半叶掀起了一股研究恐龙的浪潮，它引发了"化石战争"（又名

"骨头大战")。参战双方是美国学者奥塞内尔·查利斯·马什（1831—1899 年）和爱德华·德林克·科普（1840—1897 年）。他们在挖掘和确定新恐龙的领域里彼此较劲。最终，他俩总共发现了 142 个恐龙的新物种。

目前已知的恐龙超过 1000 种，遍布各大洲（包括南极洲）。每年都能发现大约 50 种新恐龙。这主要是因为，在阿根廷、蒙古，更重要的是在中国，沙漠里有了比过去更多的发掘。尽管如此，学者们很可能只发现了存在过的所有恐龙中的一小部分（占比在 10% 至 25% 之间）。这些恐龙并非全都生活于同一时期，因为不同的物种在持续不断地消亡、涌现。

3.12 亿年前，从两栖动物进化而来的第一批爬行动物开始出现了。与两栖动物不同，它们在陆地上产硬壳卵，皮肤较厚且有鳞，腿较强壮，大脑也较大些。大约 2.4 亿年前，第一批恐龙出现了。已知最早的很可能是帕氏尼亚萨龙。它首次发现于坦桑尼亚，直立高度超过 2 米。在此阶段，地球处于中生代的第一个纪——三叠纪。所有大陆都在"泛古陆"这一块大陆块上。对于爬行动物来说，沙漠环境和当时炎热干燥的气候是很理想的，有助于恐龙成为占支配地位的动物群体，并扩散到泛古陆的各地。恐龙之所以能如此成功，是因为它们善于搜寻食物。无论是吃植物，还是猎捕其他动物或吃其他动物的腐肉，它们都能寻觅到足够的食物。

大约 2.01 亿年前，一系列大地震预示着三叠纪的终结和侏罗纪的开端。泛古陆裂成数块，创造出了超大陆劳亚和冈瓦纳。此时，很多恐龙开始灭绝，但是更多样化的地理环境最终使它们的总体数量有所增加。气温下降和降雨量变大导致植物更加丰富，这为大型草食性恐龙中的一类——蜥脚类恐龙创造了食物来源。这种恐龙有长脖子，可以吃到树上高处的枝叶；有坚硬的牙齿，可以磨碎坚韧的纤维质植物。该类中还包括一个叫"泰坦巨龙"的亚群。泰坦巨龙是最大的恐龙，最大的泰坦巨龙则可能是于 1993 年被列入此类的阿根廷龙。迄今仍未发现一副阿根廷龙的完整骨架，但通过分析寻获的骨头，可知其体长超过 36 米，体重可高达 100 吨。侏罗纪也见证了装甲龙的进化过程。这种草食性恐龙与众不同的特征是贴着身体长着许多保护性的鳞甲。其中最著名的是长达 9 米的剑龙，它有一条带尖刺的尾巴以抵御捕食者。

中生代的最后一纪是始于 1.45 亿年前的白垩纪。当时，超大陆进一步分裂开来，使当今地球的各大洲开始成形。这意味着恐龙为了适应变化的环境更多样化了。其中包括两种最具代表性的恐龙。第一种是重达 12 吨的三角龙。它用喙状嘴吃植物，三个角和一个瘦骨嶙峋的满是褶子的大头可以保护自己免受肉食性霸王龙的攻击。霸王龙的体长可到 12 米，体重可达 14 吨，后腿直立行走，强有力的嘴里长满了 20 厘米长的 60 颗牙，是地球上有史以来最可怕的捕食者之一。

大约 6600 万年前，恐龙的大多数种类都大规模地灭绝了。很多其他物种也灭绝了，包括会飞的翼龙和大型海洋爬行动物，例如鱼龙和蛇颈龙。对该事件有无数种解释，包括疾病、酷暑、极寒、火山活动和吃恐龙蛋的哺乳动物，甚至还包括一颗恒星变作超新星时所发出的 X 射线照射地球。在这些解释中，最普遍接受的是：一颗直径超过 10 千米的小行星撞击地球，从而引发

古生物学思索

关于恐龙身体构造上一些特征的用途，人们争论不休，比如剑龙背上的一排骨质鳍状物。起初人们认为它的作用是自卫，但到了 20 世纪晚期，古生物学家们的理论推测它是帮助调节体温的。最近，又有人主张它的进化目的是为了吸引配偶。

了气候快速变化、巨大海啸、火山喷发和地震。这一理论的证据是：发现了在小行星中常见的铱元素的沉积层，其年代被确定为 6600 万年前。这颗小行星撞击地球可能撞在墨西哥的希克苏鲁伯附近，此陨石坑的中心宽度超过 160 千米。许多鱼类，尤其是那些生活在深海里的，活了下来，幸存的还有其他爬行动物，比如鳄鱼、蛇、蜥蜴，以及两栖动物和哺乳动物。中生代结束之后，仅剩下了一群恐龙。它们是鸟翼类，将进化成鸟类。

鲨鱼

现存的鲨鱼种类超过 500 种，从 20 厘米长的侏儒灯笼棘鲛到巨型鲸鲨，大小不一。鲸鲨是现存最大的鱼类，长可达 18 米，重可达 14 吨。它们在很多方面都与硬骨鱼截然不同。最显著的不同在于它们的骨架由软骨构成，密度是硬骨的一半，这使它们游得更远，消耗的能量则更少。很少有动物在寿命上能够与鲨鱼媲美。基于恢复石化的鱼鳞可知最早的鲨鱼出现于大约 4.2 亿年前，早在恐龙出现之前。从那之后，至少存在过 3000 种鲨鱼。然而，将鲨鱼的进化汇集成一个准确的记录，并精准确定它们的外观，常常是很困难的，因为通常只有牙齿和鱼鳞变为了化石，它们柔软的软骨骨架则分解了。

大约 3.59 亿年前，泥盆纪结束了，石炭纪开始。在那之前的 2000 万年里，也许是由于火山活动，海洋的含氧量一直在下降，因而所有物种中 75% 灭绝了，但鲨鱼活了下来。石炭纪期间鲨鱼分支成 45 个（现在只有 9 个）不同的种群，并演化出了各种不同的特征。有镰鳍鲨，雄性的头部上方长有一个弯曲的剑状附属物；有旋齿鲨，它的下牙齿排列成螺旋状，像是一把圆锯；还有胸脊鲨，它的背鳍呈铁砧状，其确切用途尚不明确。另一起大规模灭绝事件发生在 2.52 亿年前，时值三叠纪的初期，气温上升导致 96% 的海洋生物消亡。鲨鱼又幸存了下来。还有一起发生在大约 2.01 亿年前，是三叠纪结束、侏罗纪开始之时。当 6600 万年前白垩纪结束的时候，大多数恐龙被彻底消灭了，而鲨鱼却继续存在着。然而，鲨鱼的很多种类确实灭绝了。那些幸存下来的种类往往较小，而且生活在较深的水域。最终，稍大的物种会涌现出来，鲨鱼又开始重新出现在较浅的水域。

最可怕的是巨齿鲨，其历史可追溯到大约 2300 万年前。它是长超过 25 米的顶级掠食者。它大到可以猎捕鲸鱼,咬一口的直径约为 3 米,粗大的牙齿长达 17 厘米。巨齿鲨虽然如此令人敬畏,但在 360 万年前就灭绝了。它的食物供应被气候变化所中断,而且还面临更加激烈的竞争,因为其他较小的鲨鱼和肉食性鲸鱼在跟它抢猎物。

其他种动物灭绝而鲨鱼却得以幸存的原因之一是,它们拥有在不同的栖息地里捕杀各种猎物的能力。鲨鱼的感官大都极其敏锐。它们的鼻孔可以独立识别气味,这意味着它们能够确定气味飘来的方向。它们可以听见远处水花飞溅的声音,头上还有名为"洛仑兹壶腹"的感官感受器,能够探测其他动物制造的电磁场。在 4500 万年前到 2300 万年前之间,一种最新的现代鲨鱼家族——锤头鲨出现了,拥有特别强大的感官。它们扁平的锤状头上有相距较远的眼睛,为更多感官感受器提供了更好的视野和间距。它们也可能还会用头猛撞猎物,然后将其压制在海床上。

此外,很多鲨鱼是游得极快的游泳健将,使其能盘旋,快速突袭猎物(通常是从下方发起攻击),并用锋利的三角形牙齿咬住猎物。游得最快的是灰鲭鲨,速度最高可达 74 千米 / 时。不是所有的鲨鱼都这么快。梦棘鲛科鲨鱼,又名"睡鲨",移动得极其缓慢。它们中包括格陵兰鲨,它生活在北大西洋和北冰洋的深海里,游泳速度低于 3 千米 / 时。它是活得最长的脊椎动物。放射性碳定年法显示,它们可以活三百到五百年。

许多鲨鱼也以其他多种动物为食。例如,大白鲨吃海豹、海龟、海狮、海豚、小鲸鱼,以及腐肉。《大白鲨》(1975 年)这类电影所塑造的形象是假的，鲨鱼其实并不特别偏爱吃人。恰恰相反，鲨鱼喜欢脂肪较多的动物——大多数对人的攻击其实是认错攻击对象的结果。有三种鲨鱼（鲸鲨、姥鲨和巨口鲨）是滤食动物。它们的进食方式是：嘴巴张开在海里游，从海水中滤出小鱼和小虾、海藻、浮游生物之类的生物。

鲨鱼尽管自大灭绝中幸存了下来，但是现在要面临最大的威胁之一——人类。每年都有超过1亿条鲨鱼死于人类之手。这尤其具有杀伤力，因为跟其他鱼类相比，鲨鱼生长和繁殖的速度都很慢，这使数量难以被补足。人们还常常捕食鲨鱼，在亚洲的部分地区，鲨鱼鳍特别珍贵。另外，鲨鱼肝油曾经是贵重的商品，主要用作工业润滑剂和一种化妆品成分。几百万条鲨鱼还因卷入渔网而意外被杀。结果就是，目前约有四分之一的鲨鱼种类濒临灭绝。

鳄目动物

鳄目动物的最早祖先出现在2亿多年前。与鸟类一起，它们是唯一幸存的祖龙类动物（"统治地球的爬行动物"），这是一个包括恐龙和翼龙的动物群体。最初的鳄目动物进化成了现在的鳄鱼、鼍、凯门鳄和印度鳄（印度鳄主要吃鱼，长达6米，是家族中最长的）。这些半水生的动物主要生活在热带，每年都要杀死1000个左右的人，是鲨鱼杀人数的四十倍。

始祖鸟

················

1861 年，两块化石的发现彻底革新了博物学，启动了几十年的学术辩论。那年，德国古生物学家赫尔曼·冯·迈耶（1801—1869 年）报告说，最近在巴伐利亚小镇索伦霍芬附近的一个石灰岩矿场中发现了一块羽毛化石。他后来提出的观点是，它来自一种被他命名为"始祖鸟"（Archaeopteryx）的生物。Archaeopteryx 这个单词源自古希腊文，意为"古老的翅膀"。几个月之后，在距离原发现地大约 6 千米的朗恩艾特罕镇附近，人们又发掘出一副几乎完整的始祖鸟骨架。很多学者相信始祖鸟是 Urvogel（德语，意为"原鸟"），是近 1 万种现存鸟类的共同祖先，现代鸟类又是唯一幸存下来的恐龙。

随着 1861 年的发现，在那附近又发现了另外 11 块化石，它们被归类为始祖鸟的遗骸。实际上，这 11 块化石里，有一块在 1855 年就被发现了，只是最初被误认为属于翼手龙，1861 年的这次发现后，才被归类为始祖鸟。它们全都可追溯到大约 1.5 亿年前，时值侏罗纪晚期。当时，欧洲是热带浅海中的群岛，位于跟今天相比更靠近赤道的地方。研究始祖鸟化石可知它长约 50 厘米（大体上是喜鹊的大小），既有鸟类的常见特征，又有恐龙的。它是一种"过渡化石"，这类化石捕捉到了一个动物群体的

祖先突然朝不同方向分化的进化过程。始祖鸟化石为当时新近设想的进化论提供了一个简洁明确的证据。

　　始祖鸟与肉食性恐龙共享一些特征。不同于鸟类，它长着一条长尾，还有圆锥形的尖牙齿，用来吃小型爬行动物、哺乳动物和昆虫。跟许多鸟类一样，它的三个指爪朝着前方，但其最明显的鸟类特征还是羽毛（后期分析显示它是乌黑的）。羽毛的主要用途之一就是帮助飞翔，因为它们提供了一个坚固却轻薄的平面，可以推着空气向前。这不是它们最原始的用处，因为许多不会飞的恐龙也有羽毛。恐龙演化出羽毛，最初是为了帮助身体保温或防水。始祖鸟的飞行能力经常遭到质疑，一些学者怀疑它是否能进行真正的飞行，认为它恐怕只能从树上滑行下来。跟几维鸟之类现存无法飞行的鸟类一样，始祖鸟的胸骨既平又短，没有龙骨突——大多数鸟类拥有的胸骨的骨质延长部分，龙骨突固定住了使翅膀扇动的强健肌肉，从而使鸟类能飞起来。2018 年，三个始祖鸟标本的强 X 光检查图显示，它们骨头的密度小到足以飞行。但是，其骨头最像鹌鹑或雉鸡的，恐怕它们只能短时间内猛飞一下，也许是为了逃避捕猎者，又或者是为了抓猎物。该分析还表明，始祖鸟的骨架上血管密布，这意味着它们的新陈代谢系统与鸟类相似。

白垩纪早期产生了一些更像现代鸟类的物种。它们的身体构造改变成使之更适合飞行，比如尾巴短了、全身羽毛更流线型了。DNA 分析表明，到了白垩纪的中期至晚期，可认出的现代鸟类已经进化了，例如火烈鸟的祖先。在导致大多数恐龙灭绝的那起大规模灭绝事件之后，只有鸟类恐龙幸存了下来，随后还进一步多样化了。一些专门善于在海洋环境中生存，通过潜水或涉水来捕鱼吃，其余则生活在树上。恐龙的消失为不会飞的大型捕食鸟类留下了可以填补的空白，这类鸟的高度可超过 2 米。

21 世纪早期，中国东北部岩层中的一系列发现挑战了始祖鸟第一只鸟的地位。2011 年，一个名为"郑氏晓廷龙"的物种被归为一类。它是长着羽毛的爬行动物，长约 0.6 米，前肢有爪子，牙齿锋利，比始祖鸟早 500 万年。其发现者主张，它属于恐爪龙次目，还声称始祖鸟也属于此目，意味着始祖鸟不能再被归为鸟类。次年，进一步研究证实，始祖鸟与鸟类的亲缘关系的确比跟其他恐龙近，因此学界拒绝将其重新归类。目前明确可知的是，侏罗纪晚期有数种恐龙进化出了羽毛和一些其他的鸟类特征。这显示了用化石记录精准定位进化过渡期有多困难。目前，始祖鸟仍被认为是可被明确归类为鸟类家族最初成员的物种，但是进一步的发现可能会使它从原鸟或已知第一只鸟的位置上下来。

翼龙

翼龙是一群已灭绝的爬行动物，是首批会飞的脊椎动物。它们出现于三叠纪晚期，距今超过 2.5 亿年前，翅膀由一层皮膜和肌肉构成。最大的翼龙是诺氏风神翼龙，其翼展超过 10 米。

达尔文雀

1836 年 10 月 2 日，英国皇家海军舰艇"贝格尔"号在环球航行了近 5 年后停靠在了康沃尔郡。它于 1820 年作为军舰下水，1825 年被更派为测绘船。1826 到 1830 年间，它在南美洲绘制巴塔哥尼亚和火地岛的地图。1831 年，在罗伯特·菲茨罗伊（1805—1865 年）的指挥下它第二次起航。罗伯特·菲茨罗伊出身于贵族家庭，本是一名皇家海军军官，后来成了气象学先驱和新西兰总督。他在 1831 年的任务是继续勘测南美洲的海岸线。在航行之前，菲茨罗伊及其家人越来越担心，在如此漫长的航行中他可能会因缺乏博学之士的陪伴而感到与世隔绝和抑郁。因此，他们找来一个"绅士博物学家"上船陪他。1831 年 12 月 27 日，"贝格尔"号起航时，陪他一同航行的是一位名叫查尔斯·达尔文的刚从剑桥大学毕业的男人。航行中，达尔文将对动物作出一系列观察，从而形成一种理论，它将使人们看待自然界的方法发生革命性的巨变。对此起了重要作用的是达尔文在加拉帕戈斯群岛上看到的鸟类。

达尔文是一名为上流社会服务的医生的次子，因对博物学更感兴趣而中断了爱丁堡大学的医学学业。1828 年，他转到剑桥学习，准备成为一名英国国教牧师，这一职位使他能够将传教事业和继续科学研究相结合。在剑桥时，达尔文继续他对自然界的研究，收集甲虫，进行了一些地质勘查。在获得学位的半年后，达尔文乘坐"贝格尔"号离开了英格兰。他的舅舅是靠陶瓷发了大财的韦奇伍德家族的后裔，出资给他买了船上的这个职位。这意味着达尔文所收集的标本都是他一个人的，而且他只要对什么感兴趣，就能研究什么。尽管饱受晕船的折磨，但搭乘"贝格尔"号期间却惊人地高产。他写下了长达 770 页的日记和 1750 页的笔记，收集到的皮肤、骨头和动物尸体高达 5436 件。

1832 年 2 月，"贝格尔"号抵达南美洲，停靠在巴西东北部的萨尔瓦多。编外职务使达尔文能够进入内陆进行独立的探险考察。8 月，"贝格尔"号在阿根廷开始绘制地图，此时达尔文的研究也开始加快了步伐。他骑马进入内陆，一路到了巴塔哥尼亚。

在那儿，他察看了犰狳和"鸵鸟"（实际上是一种与鸵鸟有亲缘关系的物种——美洲鸵鸟）。他还找到了已灭绝的史前哺乳动物的骨头化石，包括大地懒（一种巨型树懒）。这些标本使达尔文开始思考为什么这些物种会灭绝。12 月在抵达火地岛之后，"贝格尔"号继续自己的工作。1834 年 6 月，开始测绘南美洲的西海岸。同年 9 月 16 日，抵达位于厄瓜多尔以西近 1000 千米的加拉帕戈斯群岛。尽管达尔文在该群岛上只待了五周，但此次逗留将在他的工作中留下不可磨灭的印记。

达尔文去了加拉帕戈斯群岛中的四座岛屿。在每座岛屿上，他都捕捉到了一些体长在 10 到 20 厘米之间的棕色小鸟。起初，他不认为它们有亲缘关系，因为个体的差异非常大。直到返家之后，一个事实才清晰地展现在他的面前：它们是截然不同却有亲缘关系的物种。无论如何，这些是以达尔文的名字命名的"雀鸟"（它们虽然以"雀鸟"为名，但不被归为雀类，即燕雀科，而是属于裸鼻雀科）。最终，达尔文在理论上推测它们源自一个吃地上的种子的共同祖先（关于其发源地，尚有争议，加勒比地区和南美洲大陆都有可能）。随着时间的流逝，饮食结构决定了喙部在大小和形状上的差异：有些达尔文雀的喙适合吃昆虫（拟鴷树雀能用仙人掌刺或树枝从树里挖出猎物），有些适合吃种子，有些适合吃仙人掌，还有一种适合吃果实和嫩芽。这些观察最终将向他证明，决定新物种形态的不是上帝，而是适应性变化。

在离开加拉帕戈斯群岛之后，"贝格尔"号经由塔希提岛、新西兰、澳大利亚和南非返航。1836 年，达尔文返回英格兰。1839 年，发表了一篇介绍此次航行的大受好评的文章，并于同年结婚。1842 年，隐居在伦敦附近的唐恩村，在那里继续研究他的进化论。1859 年，出版了《物种起源》。该书阐述了自然选择是如何创造出世界上的动物的（书中论及了加拉帕戈斯群岛上的鸟类）。这样做，他挑战了一切生命形式是由上帝或其他神力创造出来的这一观念。这激起了令人难以驾驭的辩论，但到了 19 世纪末，进化论已被科学界广泛接受了。达尔文继续住在唐恩村，在 1882 年逝世前，还出版了关于进化论、植物以及蚯蚓对土壤的影响的多本著作。

加拉帕戈斯群岛成了达尔文理论的象征。科学家和研究者继续去那里研究当地的动植物群。这些雀鸟的 DNA 分析证明达尔文是对的——它们拥有一个在 300 万到 200 万年前抵达加拉帕戈斯群岛的共同祖先。它们之间的差异部分源自 ALX1 基因的变异，该基因负责使面部和头部的骨头成形。在距离加拉帕戈斯群岛大约 800 千米的科科斯岛上，又发现了第 14 种达尔文雀。尽管丧失了栖息地，又面临外来入侵性物种的威胁，但尚未有一种达尔文雀灭绝（但红树林雀和中嘴树雀严重濒危）。实际上，杂交甚至可能还创造出了一种新的达尔文雀，这展现出自然选择和进化是一个动态、连续的过程。

大猿

人类被归类为大猿[1]家族的一部分。该家族又名"人科"，除人外，还包括其他七个物种：倭黑猩猩（bonobo）、黑猩猩（chimpanzee）、东非大猩猩（eastern gorilla）、西非大猩猩（western gorilla）、婆罗洲猩猩（Bornean orangutan）、苏门答腊猩猩（Sumatran orangutan）、达班努里猩猩（Tapanuli orangutan）。这些大猿都属于灵长目动物，此哺乳动物目出现于大约 6000 万年前。最早的灵长目动物进化成能在热带森林的树木间生活、穿

---

1 大猿，相对于小型猿类而言；类人猿包括长臂猿，但大猿不包括长臂猿。（全书脚注皆为译者注）

梭（以及在那儿采集食物），但是许多物种后来也适应在变化更多的条件下生活，比如非洲稀树草原、沙漠。与其他动物相比，所有灵长目动物的视力都较强，也都更灵巧、敏捷。自古以来，人们就注意到了它们与人类之间的相似之处。18 世纪，瑞典植物学家卡尔·林奈（1707—1778 年）对自然界进行了分类，他在对动物物种进行分类时就将人类归类为灵长目。

一旦查尔斯·达尔文（1809—1882 年）的进化论于 19 世纪下半叶被广泛接受了，人类在动物界中一定有一些亲戚，可能还有某种共同祖先这种观点就变得清晰起来。达尔文的同事托马斯·亨利·赫胥黎（1825—1895 年）认为人类与两种大猿——大猩猩和黑猩猩的关系很密切。接着，他证明了它们的大脑与人脑具有解剖学上的相似之处。从那时起，进化生物学家就一直在搜寻人类和大猿共享的最后一个共同祖先。目前仍不知道大猿的共同祖先长什么样，但它很可能生活在非洲，是一只长臂的小灵长目动物，重约 5 千克。

猿又叫"类人猿"，最早出现于 3600 万年前的中新世，很可能起源于非洲某地，但也在欧亚大陆的各地定居了下来。最终，出现了 100 多种猿类。它们共享一些特征，例如活动的四肢关节、强大的握力和无尾。大约 1700 万年前，又名为"小猿"的拥有 18 个物种的长臂猿家族分离出来，形成了自己单独的一科，成员特征是个头较小、臂较长。

超过 1300 万年前，婆罗洲猩猩、苏门答腊猩猩和达班努里猩猩（英文名都是 orangutan，在马来语中意为"森林中的人"）

从剩下的大猿中分了出去。它们尽管现在只是婆罗洲和苏门答腊岛的土生动物，但却曾经遍布东亚，分布范围远至中国的南部。它们的特征是红棕色的毛发和雄性脸颊上用来吸引配偶、威慑对手的肉垫。不同于倾向生活在社群里的其他大猿，这三种猩猩一般独居。它们大部分时间待在树上，靠手臂吊荡树枝移动（该技巧名叫"臂跃"）。1200 万到 850 万年前之间，大猩猩（gorilla）走上了自己的进化道路，分裂而成两种。东非大猩猩生活在今天的乌干达、卢旺达和刚果民主共和国的东部，成为最大的大猿，雄性通常重约 225 千克，直立身高 1.7 米。稍小一些的是西非大猩猩，生活在非洲西部。

700 万到 550 万年前之间，早期人类从其余大猿中分离了出来。他们从一个名叫"南方古猿"的像猿家族进化成了"真人属"，其中包括现代人类。两者的重大不同点在于后者逐渐转变成永久性两足动物（用双腿直立行走）。这使其前肢变短了，但意味着他们能制造更复杂的工具。另一个进化上的进步是他们的语言能力比其他物种发达得多。这帮助他们从非洲四散开来，并最终定居在世界的每个角落。众多早期人种经过千万年的演化、灭绝，直到智人出现，智人是首批解剖学上的现代人。在摩洛哥发现了可追溯到 33 万年前的智人化石。

余下的大猿黑猩猩和倭黑猩猩沿着相同的轨道进化，在 150 万到 100 万年前之间，分裂而成两种。黑猩猩生活在热带非洲的森林里和稀树草原上，善于臂跃。它们饮食的变化比其他非人大猿多。除了蔬菜植物和昆虫外，还吃鸡蛋、腐肉、其他哺乳动物，甚至还同类相食。它们生活在社群里，以 20 到 100 只为一群，经常相互敌对，暴力攻击和突袭屡见不鲜。倭黑猩猩最初被认为是侏儒黑猩猩，一直到 1933 年才被认可是自己单独一个物种。它们沿着刚果河的南岸生活，通常比黑猩猩温和、友好，群体间的冲突也更少，可能是因为它们居住地的食物较充足。

基因测序表明，人类跟黑猩猩和倭黑猩猩的亲缘关系比跟其他大猿近。整个基因组序列仅相差 1.2%（相比之下，与大猩猩相差 1.6%，与婆罗洲猩猩、苏门答腊猩猩和达班努里猩猩相差 3.1%）。此外，对它们行为的研究已显示出大猿与人类之间的联系。所有大猿都能认出镜子里的自己——没有其他动物能做到这事。它们可以制作和使用简单工具，帮助自己获取食物和水。它们的沟通技巧也比其他动物高级。在野外，大猿，尤其黑猩猩，用各种噪音或敲击树木来进行远距离交流。人们已教会圈养的大猿用手语、符号和象征进行半语言式的交流，一些大猿甚至能模仿人说话。尽管一些研究者认为这是一种语言形式，但另一些则主张它们只是在做手势或表演以获得回报。

如今，非人大猿们面临种种难题，包括栖息地丧失、疾病、砍伐、种植园侵占土地、森林大火以及人类为吃丛林肉猎杀它们。这意味着它们都是濒危物种，这将人类最近的亲戚置于灭绝的危险中。

露西

阿法南方古猿是已灭绝的早期人类，出现于大约 360 万年前的东非。它们用双腿行走，但有适合爬树的长臂。最著名的标本是"露西"(得名于披头士的一首歌)。它是 1974 年在埃塞俄比亚发现的一组 320 万年前的骨头化石。

2

家园与战争

狗

········

200 万年前，早期人类联合起来，形成采猎者社会。他们分布在大到 1300 平方千米的土地上，以大约 12 到 100 个人为一组，几乎不停地奔波以寻找食物，使用简单工具和武器猎捕动物、觅食腐肉以及采集植物。所有人类都这样活着，一直到大约 1.2 万年前，才开始创建定居的农业社区，这最早发生在美索不达米亚地区（今伊拉克境内）。这之所以成为可能，是因为人类驯化了野生动植物，该过程是人类控制和利用自然界的基础之一。此事发生的几个世纪前，人类已经成功驯化了第一种动物——狗。

狗与人一起生活了至少 1.5 万年，可能还长达 4 万年。关于驯化狗的确切地点、时间和方式，还有很多问题尚待解答。可以肯定的是，狗是野生灰狼的驯化变种。关于狗是如何被驯化的，主要有两种理论。第一种认为：一个像狼的物种开始接近采猎人团队，希望被喂食，随着时间的推移，最友善的个体变得依恋这些团体，并成了他们的伙伴。第二种认为：人类开始积极地驯服和选择性培育这些野狼，这样就可以将它们用作猎兽、追踪兽和守卫。它们的天赋使它们非常适合执行这些任务——狗的嗅觉特别敏锐，听力的灵敏度几乎是人类的两倍。它们的咬合力也很强大，能够撕肉。经过了一代又一代，狗天生的群体心态（pack mentality）转移到了人身上，因此它们培养出一种技能，高度敏感，能理解人类发出的情绪信号。

最早驯化狗的时间和地点依然不明。一些科学家认为发生在约公元前 13000 年的中亚，另一些则主张是约公元前 15300 年的中国某地。有证据表明驯化发生得甚至更早：在法国南部的肖维岩洞中，发现了一个孩子和一条狗并行的脚印，可追溯到 2.6 万年前；在比利时的戈耶洞穴中，发现了一个超过 3.65 万年的原始狗的头骨。2016 年，有人提出，狗的驯化并非发生在一地，而是截然不同的狼群在欧亚大陆的两侧分别被驯化。在东亚被驯化的狗与它们的人类主人一起向西迁移，很大程度上就取代了最早的欧洲狗。不管确切发生于何时，到人类开始创建首批永久性农业社区时，狗都早已被公认为他们的伙伴。在其他野生动物被驯化为家畜之后，狗被用来放养和看守它们。

狗越来越融入人类的社会和文化。通过发掘美洲、亚洲、欧洲和非洲石器时代和青铜时代的坟墓可知狗开始与人葬在一起，可能这样它们死后还能继续为人服务。古埃及人尤其忠于他们的狗——在狗死后，通常要将它们做成木乃伊，还要剃掉自己的眉毛以示哀悼。在古文明里，从美索不达米亚到中国，人们都会制作狗的小塑像，并将其埋在建筑物附近以防噩运。在古代神话中，狗通常很突出，并跟忠诚和奉献有着紧密联系。例如，在古梵语史诗《摩诃婆罗多》中，当主人公之一的坚战王升上天堂时，他的忠犬陪着他。当他被要求遗弃忠犬才能进入天堂时，他

波图

　　1925 年，白喉侵袭阿拉斯加州的诺姆市。地方当局绝望地恳求解药，以期阻止成千上万人死亡。在此之后，人们先用船将解药运到苏厄德港，接着再用火车运到尼纳纳。那里收到的医疗物资由狗狗接力队拉着雪橇在冰天雪地里运到诺姆，全程 1085 千米。2 月 2 日，一只名为"波图"的西伯利亚哈士奇率领一支队伍到达诺姆，使局势转危为安。波图死于 1933 年，在它死后，遗体被做成标本，并在克利夫兰自然历史博物馆展出。

　　拒绝了。然而，正是这行为才显示出坚战王的资格。在荷马史诗《奥德赛》中，主人公奥德修斯在经历了史诗般的旅程之后，回到伊萨卡家中，当时没人认出他来，除了他的忠犬阿尔戈斯。

　　人类数千年的选择性育种创造出地球上最多样化的动物物

种，从丁点大的吉娃娃到高大的大丹犬，各不相同。一些品种为了适应某种环境已经高度特化了。例如，作雪橇犬在北极工作的品种，其起源可追溯到 9500 年前，它们能吃鲸脂，在低氧条件下能够工作，具有很强的调节自身体温的能力。大多数现代犬种的物理特征能表现出它们的原始用途。例如，腿短的腊肠狗能够将獾一直追进地下的洞穴中；矮壮、强有力、头大的斗牛犬以前被用在纵狗咬牛这种可悲的做法中；嗅觉灵敏的寻血猎犬过去被用来追踪动物（现在也被用来嗅探炸药和毒品）。玩赏犬因小巧而被培育，它们是上流精英的伙伴和身份地位的象征（还能腿上保暖）。尽管这个过程突出了许多有用的特征，但也有一些意外后果，它在许多犬种中创造了一些健康问题，例如困扰哈巴狗的呼吸问题。到了 19 世纪下半叶，人们开始更加严格地归类品种，每一个品种的理想外表的标准都被创建了出来，每一只狗的血统都被认真地记录、登记了下来。截至 2018 年，英国养犬俱乐部（同类中最古老的团体）正式确认了 221 个不同的品种。不论它们的外表如何，狗都提醒着我们，人类的发展和繁荣一直都需要其他动物的帮助。

猪

········

　　猪肉是世界上消费量最大的肉类（紧随其后的是禽肉）。全球有超过10亿头猪。9000多年前，在安纳托利亚半岛和东亚两地，欧亚野猪分别被独立地驯化成家猪。500年后，它们被引入欧洲，接着是非洲。公元前3000年左右，猪陪同定居于南太平洋群岛的人们一起来到了大洋洲。作为一种家畜，猪有很多优点：猪肉和猪油可供人食用，猪皮可制成皮革，猪鬃可制作刷子。猪还能生活在各种各样的栖息地里，因为它们是杂食动物，吃各种食物，包括家庭垃圾和剩菜剩饭。

　　世界上的许多地区有宗教禁忌，禁止食用猪肉，这在中东尤其强烈。公元前5世纪中叶，犹太教的圣书《托拉》成书。书中包含对犹太人的饮食要求，明确规定他们应该只吃偶蹄动物和反刍动物（比如牛和羊）。这杜绝了他们吃猪肉的可能，因为猪肉被认为是"不洁"的。关于实施这条规则的根本原因，争议很大。一些学者认为，这条法规之所以会被列入，是为了给犹太人创建一个单独身份。另一些学者则把它跟猪不卫生这种认知联系在一起，这种认知产生的原因是猪什么都吃，并在泥里打滚（猪之所以这样做，是因为它们缺乏汗腺，泥浆能让它们保持凉爽，还能防蚊和保护皮肤以免晒伤）。公元7世纪初，真主传授给先知穆罕默德（约公元 570—632 年）的《古兰经》也宣称，猪肉不洁，禁止食用猪肉。同样地，大多数印度教徒和佛教徒通常吃素，于是也避开猪肉。基督徒没有采纳《旧约》里饮食限制的规定（在今天的埃塞俄比亚出现的基督教教派除外），因此可以自由地吃猪肉。

1859 年猪之战

圣胡安群岛位于美国西北边的太平洋中，靠近加拿大的国界。1859 年，它是美国和大英帝国对峙的场所。当时，它的地位不明。为了宣示所有权，一家英国公司派遣一位名叫查尔斯·格里芬的雇员在圣胡安群岛上经营一座牧场。美国人也在群岛上定居了下来。其中一个美国人莱曼·卡特拉在一块地上种土豆。1859 年 6 月 15 日，卡特拉看见格里芬养的一头猪在吃自己的庄稼，于是开枪射杀了它。英国当局威胁要逮捕卡特拉，当时岛上的美国人也要求美国政府提供保护。7 月 27 日，美国陆军的士兵们登上了圣胡安岛，并宣布其为美国领土。随后，英国人派军舰来到该区域。为了让爆炸性局势降温，美国总统派出一名代表去和当地的英国总督谈判。他们同意停战，并商定两军共占这些岛屿，直到达成协议为止。这种状况一直持续到 1872 年，那年一个国际专家组把这些岛屿裁定给了美国。

到了 18 世纪末，养猪业扩散到了世界各大洲。1493 年，克里斯托弗·哥伦布（1451—1506 年）第二次航行中将猪带到了美洲。1788 年，英国第一舰队来到澳大利亚，建立了后来变成那儿第一个欧洲殖民地的罪犯流放地，同时也带去了猪。巧的是，在这些以及其他的欧洲航海中，盐腌猪肉就是主要的食物来源之一。19 世纪，养猪业变得越来越集约化。育种人试图培育出能快速、有效地增重的猪。其中之一是"大白猪"，在英国约克郡培育成功，此后成了世界上最受欢迎的猪种。因为猪肉需求增加了，所以猪农试图实现产量最大化。他们把猪移到室内，这样一来，调节温度和收集排泄物就变得较容易，还把动物们塞得满满的，让它们挤在一起生活。于是，许多人就买得起猪肉了，但代价却是猪生活在泯灭其天性的环境里，猪天生就爱群居、泥中打滚和拱土觅食。

马

轮子是历史上意义最重大的发明之一。最初并不是用于交通运输，而是用于制陶。公元前第五千纪，美索不达米亚人使用它来给黏土塑形。从大约公元前 3500 年起，它开始被用来制造简单的轮式车辆，这种车后来发展成更复杂的多种车辆。起初，这些车由牛拉着走。牛尽管健壮有力，但缺乏马的活力干劲。马这种动物使交通运输工具发生了革命性的巨变。它既有速度又有耐力，这使人行得更远，同时运载的货物也更重。马还用于给机械提供动力，而且一直到20世纪，它都是战争的基本必需品。

所有马都是始祖马的后代。始祖马是一种羊羔般大小的有蹄类哺乳动物，出现于大约5000万年前，以树叶为食，生活在森林里。到了450万年前的时候，它进化成马的大部分过程发生在北美。始祖马的体形变大了，腿变长了，中部的脚趾演变成了蹄，牙齿和消化系统变得适合吃草了。这意味着，当气候变得更干燥时，北美形成了平原，它能在平原上繁衍生息、苗壮成长。大约200万年前，马经由白令陆桥从美洲扩散到遍布欧亚大陆和非洲。1万年到8000年前，由于疾病或者被猎捕殆尽，马从祖先的故土上消失了。直到15世纪末，西班牙殖民者重新引进，它才再次出现在美洲。

早在公元前5000年，在今哈萨克斯坦和乌克兰的欧亚草原上，马很可能就开始被驯化了。起初，人们养马是为了马肉和马奶。大约公元前3000年的马的头骨化石显示它的牙齿有磨损，这证明它戴了马嚼子，由此可知，直到这时马才频繁被人骑。在接下来的5000年里，人们选择性地培育马匹以满足多种不同的用途，从而创造出300多个品种。

马的主要用途之一是在农业中拉犁和拉其他农具。到公元前4世纪时，它们也被用来给机械提供动力，把马套在磨或泵上，以完成诸如磨谷物、抽水之类的任务。比这意义还大的是它们在交通运输中的用处，使人得以长途旅行，并把商品运往市场。自古以来，人还用马背着纤绳沿着水路拉船。最后，前现代的通信严重依赖马背上的信使。19 世纪，农业、工业和交通运输系统的机械化，以及电子电报的使用，导致马在社会和经济方面的重要性大幅下降。

马对军事领域的影响最大。人们通过选择性育种加强了马的步态和协调度。马还具备很强的方向感、视觉记忆力，以及对骑手发出的身体、语言信号作出快速反应的能力。蒙古和中亚的大部分地区是广阔的平原，草原民族是生活在那里的游牧民。他们最先驯化马，并在战争中极其娴熟地使用它们。到了公元前2000 年左右，他们研制出了复合弓。它由木头、兽角、肌腱制成，小到可以从马背上发射，但它的设计令它极其强大，在 450米的射程内都能置人于死地。当斯基泰、匈奴和马扎尔这类民族把它跟敏捷、健壮、不知疲倦的草原野马结合在一起的时候，他们就成了令全亚洲和欧洲畏惧的民族。

公元前 2000 年左右，最初的双轮战车被研制了出来。整个欧亚大陆和非洲都将使用它们。这种战车靠马拉，通常最多四辆为一组，充当弓箭手的移动平台，使弓箭手能以 30 千米 / 时的速度行进。公元前 1275 年，历史上最大规模的战车战役发生在今叙利亚境内卡迭石，交战双方是埃及人和赫梯人。5000 辆战车参战，但是没有一方取得决定性的胜利，于是两大国就缔结了和约（世界上第一份有文字记载的和约）。从此以后，战车衰落了，因为它们需要平坦的地形，而且更强、更大的马种被培育了出来，能把全副武装的战士运上战场，战车就过时了（然而中国用战车一直用到公元前 3 世纪）。取代战车的是骑兵集结后冲锋，通常被用作击溃敌军步兵的突击。

下一个转变马的用处的创新是马镫。早在公元前 4 世纪，最初的马镫可能就已在亚洲出现了。但是，直到公元 5 世纪，中国才普遍使用它。使用马镫的地域不断扩大，先是整个亚洲，到 8 世纪时，又扩展到了欧洲的大部分地区。它极其重要，因为用了马镫，骑马人对马的控制就强了很多，还有了在马上使用剑、长矛之类武器的稳定性。此外，在和更复杂的马具结合之后，马镫还能使马驮更重的东西。

13 世纪期间，蒙古人创建了世界历史上最大的帝国，疆域从朝鲜半岛一直绵延到今俄罗斯西部。帝国的基础就是马、马镫和复合弓。每个蒙古战士都有三到四匹坐骑，每天能行进约 160 千米。得益于训练和严格的行为准则，他们能对敌人发起快速的协调一致的进攻。到了 14 世纪中叶，蒙古帝国开始衰落，并分崩离析，同时火药武器开始被投入使用，它从根本上改变了马的角色。

加农炮和火器的发明使中世纪全副武装的骑士过时了。尽管迟至 19 世纪，骑兵冲锋仍在使用，但是骑兵一般转变成用于小规模战斗、突袭、侦察和巡逻。对战争而言，马仍然极其重要，它的重要性尤其体现在拖着轻型火炮满战场跑。在军事上，马作为驮兽，也继续扮演重要的角色。在蒸汽铁路和内燃机出现之前，如果没有马运送装备，就没有一支大军可以作战。的确，即

布塞弗勒斯

亚历山大大帝（公元前 356—公元前 323 年）建立了一个帝国，疆域从埃及一直延伸至印度。自童年起，他的马"布塞弗勒斯"（意为"牛头"，因身上的烙印形状而得名）就是他的伙伴，那是一匹巨大的黑色种马。公元前 326 年，布塞弗勒斯死于发生在今巴基斯坦的海达斯佩斯河会战。亚历山大大帝为了纪念它，就在附近建造了一座城市，并将其命名为"布塞弗勒"。

使在二战机械化的屠杀中，也使用了超过 700 万匹马，尤其在东线战场。

鸡

....

公元前 490 年，一支两万人的波斯军队入侵了希腊，在距离雅典 29 千米的马拉松城附近登陆。波斯帝国是当时世界上最强大的国家，疆域从印度河流域延伸到阿拉伯半岛，再到北非，直至巴尔干半岛。希腊城邦在安纳托利亚支持反对波斯统治的叛乱，在此之后，波斯人对希腊越来越感到愤怒。为了阻止进一步的干涉，波斯统治者大流士大帝（约公元前 550—公元前 486 年）入侵了希腊。雅典的政治家、将军地米斯托克利（公元前 524—公元前 459 年）率军进行抵抗。当他率领一万人的军队向马拉松城进军时，据说他遇见两只公鸡打斗。受到启发，他敦促士兵效仿公鸡的战斗精神，不为土地或神明而战，而要为胜利的荣光而战。尽管希腊人没有弓箭手和骑兵，但仅靠集结步兵的纯粹意志力迫使波斯人逃回船上。十年后，波斯威胁卷土重来，但希腊人再次赢得了胜利。鸡常常象征着勇气、进攻，然而也变得和胆小、懦弱联系在一起。对鸡的认知在不断变化中，其象征意义的改变就是这种变化的回声。鸡开始被认为是斗鸟、仪式的重要组成部分，后来又成为集约化农业最糟方面的代名词。

大约 10000 年前，家鸡在东南亚和印度被驯化了出来。它们的祖先主要是红原鸡。红原鸡埋怕人，不是擅长胆怕的飞鸟，极少远离自己的地盘。随着时间的流逝，鸡与人的关系变得更友善了，到公元前第一千纪时，它已经散布到了中国、大洋洲、中东和非洲。公元前 8 世纪，腓尼基人把它们引入了欧洲。

在野外，鸡在一只占支配地位的雄鸡的领导下形成鸡群。鸡群里，为了站上等级的顶端，打斗持续不断，公鸡间的暴力斗争很常见。直至今日，世界各地的人们都利用了它们好斗的特性，在斗鸡中让公鸡互斗。全世界做法都大体相似：两只公鸡，有时还在鸡爪上绑上刀片，被迫在圆形斗鸡场里斗，直到其中一只死亡或丧失活动能力为止。对结果打赌很常见。还常喂斗鸟吃药，使它们更强或更有进攻性。

公鸡成了阳刚之气和男子气概的象征，同时母鸡则更多地和生育能力联系在一起。直到上个世纪，饲养母鸡主要是为了其下蛋的能力。这是因为即使没有与公鸡交配，母鸡也能下蛋（但它们有可能变得"郁郁寡欢"，即坐在未受精的蛋上，并停止下蛋）。古埃及人最早采取措施，人工增强鸡的生育能力。公元前8世纪中叶，他们就已修建了有通道和通风口的人工孵化器复合体，把温度和湿度保持在没有母鸡参与的情况下蛋也能孵出小鸡的水平上，从而使母鸡可以自由地下更多蛋。古罗马人也是热情高涨的养鸡户，不仅吃鸡，还在仪式中用鸡。被称为"普鲁里亚斯"（pullarius）的官员负责养圣鸡。在打仗这类事件的前夕，将谷物撒在圣鸡面前。如果它们吃它，就预示了胜利，但如果它们无视它，据说失败就将随之而来。

鸡肉、鸡蛋的大规模生产始于20世纪初第一台电孵化器的发明（后期型号甚至可以翻蛋）。它增加了饲养鸡的数量。人们养鸡更多是为了肉，而不是蛋的旅程真正开始于1944年的美国。那年，"明日之鸡"比赛开办，育鸡者被要求创造出一种长得快、肉更多的鸡。1948年，宣布了获胜者是加利福尼亚的查尔斯·D.万得力士。农业公司迅速抓住了这个主意，创造出不同鸡种的专利杂交种，它们长到屠宰体重所需的食物越少越好。这些鸡也更温顺，失去了物种曾有的喜欢四处溜达的天性。这意味着，在巨大的层架式鸡笼养鸡场里，鸡被塞得满满的，以实现利润最大化。抗生素也被加进饲料里，用来预防传染病并促进生长。虽然这些创新提高了产量（现在，六周之内的鸡就可被宰杀，母鸡的年产蛋量超过 300），但它的代价是鸡的福利。

大象

·············

作为现存最大的陆生动物，大象在全世界的文化里都象征着力量、智慧和权威。除了体形外，它们最显著的特征是象鼻。象鼻灵巧而敏感，可用来捡起物体、剥取树皮和喷水。象牙是大号门牙，用来防御、攻击和掘地。它们的大耳朵则帮助身体散热。现在有三种大象。最大的是非洲草原象（African bush elephant，又名普通非洲象），重可达 6 吨，肩高超过 3 米。非洲森林象（African forest elephant）2010 年才被认为是一个独立的物种，体形稍小一点。亚洲象一般重约 4 吨，生活在印度次大陆和东南亚。

公元前第四千纪末年，印度次大陆的西北部孕育出了印度河流域文明，提供了人类驯服大象的最早证据。从这些城市发掘出了一些印章，印章上的大象背上披着布，这表示它们被人骑或被用作役畜。它们很聪明，因此能被训练，还能跟"象夫"即驯象人建立亲密关系。但是，大象从未被完全驯化，部分原因是它们的怀孕期长达 22 个月（哺乳动物中最长），这使选择性育种变得很困难。它们同时也给人出了一个巨大的后勤难

题，因为它们每天所需要的食物重约 130 千克。

　　到了公元前 6 世纪时，印度统治者意识到了大象的军事潜力。速度能达到 40 千米 / 时的大象能造成巨大破坏，并能用象牙（常在顶端装上尖钉）伤人。大象也为装备投掷型武器的士兵们提供了平台，而且还让指挥官能更好地审视战场。它们并不能确保胜利。公元前 326 年，在旁遮普地区统治着一个王国的波拉斯部署了 100 多头大象，抵御来自西方的统治者——亚历山大大帝的入侵。双方于海达斯佩斯河的岸边相遇，一开始大象给亚历山大的步兵造成了很大的伤害。后来，步兵重新编组，然后朝象眼扔标枪，并猛砍象腿。结果就引发了一个大象的常见问题：很多大象惊慌失措，狂奔乱窜，使它们对自己人的威胁并不会比对敌方的小（正由于此，象夫会带着一根尖钉，如果大象完全失控，象夫就可以把它钉入象脑中）。希腊人赢得了胜利，但这标出了亚历山大东征的极限。

古罗马也在战争中直面过大象。第一次发生在公元前 280 年，希腊伊庇鲁斯的国王皮洛士（公元前 319/318—公元前 272 年）为了阻止罗马扩张，入侵了意大利南部。起初，他用象群取得了成功，但是罗马人想出了一些对付它们的招数，其中格外引人注目的是点燃浑身是油的猪后，将它们赶入象群中。据说，猪极度惊恐的尖叫声逼得大象们四散惊逃。遭到重大损失的皮洛士被迫于公元前 275 年班师回朝。

在罗马共和国崛起而成为地中海地区支配力量的过程中，它最可怕的对手是统治版图在北非、西班牙和西西里岛的迦太基帝国。双方第一次交战从公元前 264 年打到了公元前 241 年，结果是罗马控制了西西里岛的大部分地区。公元前 218 年，冲突再起，迦太基将军汉尼拔（公元前 247—约公元前 181 年）经由阿尔卑斯山，入侵意大利北部。他的军队中有 37 头战象。他雄心勃勃地希望带领这些战象穿过高高的、时而狭窄的山道。只有 6 头战象从长途跋涉中幸存了下来，下山进入了意大利，并挺过了接下来的冬季。汉尼拔并没有灰心丧气，而是在跟罗马人的对抗中赢得了一系列的胜利。他留在意大利，但无法向罗马行进。公元前 204 年，罗马人入侵北非，此时他不得不回家。在北非，汉尼拔在扎马战役（公元前 202 年）中被决定性地击败了。当他的象群冲锋时，罗马防线打开，放任它们奔过，这意味着大象在战争中不能再起重大作用了。获胜的罗马随后就吞并了西班牙，后来又在公元前 149—公元前 146 年间，赢得了对迦太基的最终胜利，这导致迦太基的首都被毁和剩余领土全被吞并。

大象江伯

人类常常为了娱乐消遣利用大象，供人取乐的大象中，最著名的一头叫"江伯"。它是一头非洲草原象，在苏丹被捕获，1865 年被带到伦敦动物园。在那里，它成了最受欢迎的宠儿。1882 年，动物园以 2000 英镑（如今的 20 多万英镑）的价格将它卖给了一个美国演出经理 P.T. 巴纳姆（1810—1891 年），这引发了公众的抗议。在短短两周内，巴纳姆就收回了成本。江伯跟着巴纳姆的马戏团一起巡回表演，一直到 1885 年，它在加拿大的圣托马斯被一辆火车撞死。

作为战争武器，大象在印度次大陆继续备受珍视，但有效的火药武器的问世预示着它们的终结，1526 年的帕尼帕特战役就是征兆，此战中，入侵的莫卧儿军队击败了拥有 1000 头战象的德里苏丹。莫卧儿的加农炮把大象吓坏了。令大象进一步感到恐慌的是，骆驼驮着点燃的稻草，被赶入象群中。在此次胜利之后，莫卧儿人成了印度次大陆的支配力量，一直到 18、19 世纪时，英国人取代他们占据支配地位。虽然战争中不再使用大象，但是军队仍然拿它们当驮畜或者用它们协助军事建造。在森林密布的热带环境中，大象尤其有用，直到 20 世纪仍被部署在那样的环境里。例如，二战期间，盟军用大象在缅甸的丛林里建桥；

越南战争中，北越的军队用它们运送补给和装备。

贸易给大象造成的伤害比战争大。数千年来，人类珍爱经久耐用却易于雕刻的象牙。到了 19 世纪，需求达到顶峰，它被制成包括钢琴键、斯诺克台球和纽扣在内的各种各样的物件。于是，数百万头大象被屠杀。结果就是，现在世界上只剩下不超过 40 万头的野生非洲象和约 4 万头亚洲象。在非洲和亚洲，大象现在都是被保护动物，象牙贸易也受到了严格的限制。但是，大象依然面对偷猎、栖息地丧失这样的问题。令事态更糟糕的是，大象是一个"基石物种"，这意味着它们塑造生态系统。大象的行走，为其他动物踩出了小路，与此同时还有许多植物依靠大象粪便传播它们的种子。正因如此，失去大象不仅仅是一种雄伟壮观的动物的灭绝，还会危害其他物种。

龟

中文书写系统是世界上使用范围最广的，而且是最古老的之一。它用成千上万个汉字既表音又表义，对东亚的其他书写系统产生了重大影响，尤其是日本、朝鲜半岛。它的历史可追溯到公元前 13 世纪，而且最早的书写材料之一是龟甲。

龟（turtle）家族由 356 种爬行动物组成，它们身上都裹着一个硬骨（有时是软骨）壳。壳是身体不可缺少的无法脱去的一部分，因为肋骨和椎骨跟它融合在一起。壳的上半部分即背甲，通过硬骨和软骨，与下半部分即腹甲相连。大多数龟是水生或半水生的，大部分时间生活在水中——它们的壳更流线型，一些龟种还有帮助它们游泳的鳍状肢。这其中包括 7 种生活在海里的。它们潜水可潜到 900 米，还会迁徙数百千米到特定的海滩产卵，把卵埋起来，然后离开。最大的海龟（也是最大的龟）是棱皮龟，重达 900 千克。跟家族中其他成员不同，它的壳既不坚硬也非硬骨，而是既有弹性又平滑的。大约有八分之一的龟完全生活在陆地上。它们被称为"陆龟"（tortoise），壳往往更高、更圆拱。其中包括龟家族中的最小成员——斑点珍龟。它们生活在南非，长约 8 厘米。

由于它们寿命长、行动迟缓（至少在陆地上是如此），龟常常象征着长寿、稳定和智慧。许多文化都流传着一个传说，传说有一只巨龟（或陆龟）用它的壳背起了整个世界（或宇宙）。例如，在印度教神话中，这只龟的背上背着象群，象群背上直接肩负着世界，该龟名叫"阿库帕拉"。类似的是，在中国神话里，创世女神女娲砍掉了一只巨龟的四条腿，拿来撑起天空，在此之前，一个毁灭性的水神——共工毁坏了原先支撑天空的不周山。

1899 年，人们发现了中国文字的起源。当时，官任国子监祭酒的王懿荣（1845—1900 年）身体不适，于是他的仆人拿来了一些"龙骨"当药材。龙骨是中医中一种受欢迎的成分，被磨成粉后，可以医治伤口和疾病。王懿荣看到骨头上刻有文

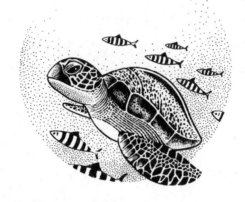

字，就命令仆人回去找药剂师，将余下的大约 300 件龙骨存货全数买下。这些骨头具有潜在重要性的消息传播开来，学者和收藏家们开始购买并分析它们。显然，龙骨其实是龟腹甲中混杂着牛肩胛骨，因被用于占卜而被称作"神谕之骨"[2]。

甲骨的历史可追溯到商朝（约公元前 1600—公元前 1046 年）。商朝诞生于黄河流域的众多文明中，统治疆域在中国的北部和中部。它是有具体实在的考古证据的第一个朝代。甲骨出土于中国中部的安阳市。考古发现揭示，安阳即为殷所在地，从公元前 1300 年一直到公元前 1046 年商王朝被推翻，殷一直是商朝的首都，商灭亡之后，城市被遗弃了。安阳出土了成千上万片

---

[2] 甲骨的英文名叫 oracle bones，oracle 意为神谕、传神谕者。

甲骨。

　　商王与天沟通，询问一些关于未来的问题。中国的书写文字就是作为这样一种交流方式而被研发了出来。必须将壳和骨头刮干净，擦光擦亮，然后才把占卜仪式中得到的答案刻在甲骨上（有时或用墨写下）。其特征是象形文字，这将成为汉字的特色。随后使用一根烧红的棍子使整片壳上产生应力裂纹。接着，裂纹将被阐释，向商王揭示他们是否该采取某种做法（例如，他们是否该继续作战）。已发现的甲骨数量超过15万，包含约4500个符号（不是所有的都被破译了），它展现了汉字是如何发展的。甲骨里还含有关于商朝的重大事件和人物的重要信息。

　　如今，许多龟种都濒临灭绝，部分是由于对龟肉、龟壳和龟蛋的需求，以及污染和气候变化。海龟的处境尤其危险，由于额外的危险：失去了海岸线上的筑巢点、海洋垃圾和意外缠上渔网。为了让龟到21世纪以及未来还能幸存下来，那么它们陆地

图伊·马里拉

　　陆龟是世界上最长寿的动物之一。已知最老的是一只来自马达加斯加的射纹龟，它可能活到了188岁。据说，1777年，詹姆斯·库克船长将它呈献给了汤加王室。人们以为它是雄性，于是取名为"图伊（意为国王）·马里拉"。但1966年在它死后，检查显示它可能是雌性。

上和海上的栖息地都必须得到尊重。

卡比托利欧山的卫士鹅

在罗马成为一个版图从不列颠群岛一直延伸到美索不达米亚的帝国的首都之前，它是意大利中部众多城邦中的一个。公元前4世纪初，正当罗马成为一个地区强权的时候，一支外国军队首次洗劫了它。尽管罗马城遭到了严重的破坏，但有令人意想不到的救星将它从彻底毁灭中拯救了出来。这救星就是一群鹅。

公元前10世纪左右（传统上认为是公元前753年），罗马建成了，起初由国王统治，后来在公元前509年转变为共和制。它变成共和国之后，通过征服它的邻邦而成了拉丁姆地区的主导强权。当罗马正要进一步扩张的时候，它面临一个新威胁——入侵意大利北部的高卢部落。公元前390年（有些记载说是三年后）左右，罗马派出一支军队去击退其中的一个部族——由族长布雷努斯所率领的塞农。双方在罗马东北方距罗马16千米处的阿里亚河相遇。这是一场大溃败。成千上万的罗马人被屠杀，幸存者在维爱城——罗马最近攻占的一座有城墙的城市寻求庇护。此战为布雷努斯向罗马前进扫清了道路，他的手下洗劫了罗马城。一支留在罗马城内的小型卫戍部队在阿雷斯——位于卡比托利欧山顶的一座要塞寻求庇护，随后便被塞农人包围了。

一个深夜，塞农人悄悄爬上了卡比托利欧山，想消灭罗马人。他们避开了卫兵和看门狗，准备要击垮罗马抵抗的最后一座堡垒，根据几份古代文献记载，当时有一阵响亮的鸣叫打破了寂静。原来，他们骚扰到了一群鹅，这些鹅是祭司们养在神殿里的，准备献给朱诺——婚姻、生育女神兼朱庇特的妻子。鹅鸣惊醒了前任执政官（罗马通过选举产生的最高的职位）——马库斯·曼利乌斯·卡皮托利努斯（死于公元前384年）。他一拳将一个抵达山顶的高卢人打了下去。其余的卫戍部队也被吵醒了，跟他一起投入击退攻击的战斗中。罗马得救了。

鹅这种表现并非是不可能的。它们并不特别怕人，但却是高度地盘性的，众所周知，当危险临近或受到骚扰时，它们就会大声鸣叫。它们的听力极佳，视力比人类的还好，甚至能感知紫外线，这使它们的视力更为敏锐。正因如此，一群鹅当哨兵很可能跟任何人或狗一样有效。

在塞农人被赶下卡比托利欧山之后，围困仍在继续，一些原始资料显示它持续了7个月。同时，罗马城外的罗马人在政治家马库斯·弗里乌斯·卡米卢斯（约公元前446—公元前365年）的领导下重新组织了起来。他被任命为独裁官（一个临时官职，通常在军事紧急时期被任命，赋予持官者支配国家的绝对权力）。最终，双方的食物快耗尽了，塞农人因病而纷纷倒下，他们未埋葬死者而使疾病扩散了开来，于是双方开始了和谈。罗马人同意给布雷努斯450千克的黄金，条件是他率部队离开罗马。即将付款之际，卡米卢斯赶到，宣布交易取消，宣称他们将"不靠黄金，而靠铁制兵器和钢铁般的意志"（not with gold，but with iron）夺回罗马城。随后，卡米卢斯率领军队在罗马被毁的街道间与塞农人作战。塞农人被赶出了城，并在次日的激战中被击败。并非所有的历史记载都如此富有戏剧性。有些文献显示，罗马人实际上按时付了赎金，塞农人这才撤退的。

　　不管塞农人是如何离开的，罗马在一年内就被重建了起来。城四周竖起了新的质量更高的城墙。公元前 344 年，人们在卡比托利欧山上为朱诺盖了一座新神殿，以体现她身为示警者、预言家的这一面。罗马险些遭到彻底毁灭，人们用一个叫"狗的惩罚"（supplicia canum）的仪式来纪念这段历史。每年，狗作为祭品被挂在木桩上，鹅则穿上紫色和金色的衣服，坐着轿子，穿过街道游行。罗马将日益强大，到了公元前 3 世纪末，实际上控制了整个意大利半岛，后来扩张成为世界历史上最伟大的帝国之一。直到公元 410 年，罗马才再次被洗劫，当时是西哥特人把罗

天鹅

　　宙斯曾一度化身为天鹅，勾引公主勒达。他们的孩子之一是特洛伊的海伦。在挪威和爱尔兰神话里，天鹅也是突出耀眼的角色。在印度教里，它是智慧、纯洁和卓越的象征。

马城洗劫一空的。到那时，罗马已在稳步地衰落，到了公元 5 世纪末，它在西欧的影响力就崩溃了。

美洲驼

印加帝国是欧洲人到来之前美洲新大陆上出现的最强大的国家。公元 14 世纪初，它从位于安第斯山脉的首都库斯科向外扩张，开始征服邻近地区。到了 16 世纪早期，印加控制的领土沿着南美洲的西侧绵延 4000 千米，统治人口 1200 万。它是一个高度组织化的国家，拥有完善成熟的行政部门和基础设施。在印加力量源泉和安第斯山脉的其他早期文化中，一个重大要素是美洲驼（llama）——美洲被驯化的最大动物。

美洲驼跟远亲骆驼（camel）有所不同，它没有驼峰，但仍然是骆驼科的一员。在超过 4000 万年前，美洲驼的祖先诞生在北美大平原上，约 300 万年前迁徙到了南美。为了适应安第斯山脉上高海拔的生活，它拥有的红细胞比其他动物多，这增加了它的血液含氧量，同时它的肺活量也更大。

6000 多年前，美洲驼由一种较小的名叫"原驼"（guanaco）的动物驯化而来。现在仍然有大量的野生原驼。美洲驼的许多天然特征使它们非常适合当驮兽。它们特别合群，成群结队地生活在一起，并乐于生活在大型团体中。它们背着约 35 千克的东西，一天最远可走 30 千米的路程。美洲驼很听话，除非它超负荷了或是累了，才会有可能拒绝前进，或者踢腿、吐口水。美洲驼还极其耐渴，各种草料都吃。印加人还把美洲驼用于他途。肉可供食用，脂肪可制作蜡烛。粪便可作肥料，用于制陶，干燥后还可作燃料。最后，美洲驼的毛可制成织物、毯子和绳索。

羊驼（alpaca）是骆驼科里的另一物种，在安第斯山脉地区与美洲驼大约同时被驯化。它起源于另一物种"骆马"（vicuña），体形比美洲驼小，身体更圆，倾向于生活在海拔更高的地方。与其说作为驮兽的它最有价值，还不如说是它的毛。羊驼毛坚韧、轻质，是天然的绝好隔热材料。正因如此，它常被保留给上层精英，给他们制作纺织品。

印加帝国不是第一个利用美洲驼的安第斯山脉文明，但它肯定是用得最全面、彻底的那个。官方饲养、仔细管理着一大群美洲驼，以数百头为一队，用这样的驼队穿过纵横交错的连接高地和低地地区的大小道路网，运送交易商品。每年 11 月，他们都要对美洲驼进行年度普查，并在"奇普"——一个他们用来保存记录的结绳系统上记下来。他们还会迅速采取措施，阻止疾病在美洲驼中的暴发。一头美洲驼一病，就会被挑出来杀掉，并被埋起来，以阻止它传播疾病。印加的农业是高度发达的：印加人修建了梯田和灌溉系统，种植玉米和土豆之类的庄稼；多亏有美洲驼粪便，农作物产量才得以大幅增加。

　　在印加文化的许多方面，美洲驼的重要性都有所体现。根据印加神话，印加人起源于帕卡里坦博村（位于库斯科以南25千米处）附近的三个洞穴。他们出现的同时，美洲驼也诞生了，这反映了印加社会里美洲驼的中心地位。在印加仪式中，美洲驼扮演了重要的角色：它们常是献给神的祭品，被制成木乃伊的遗体（以及小型金像）还常与达官显贵葬在一起。印加人还用美洲驼的名字（llama）命名了他们最重要的星座之一——亚坎纳（the Yacana），认为它是他们的能量之源。

　　1532年，西班牙征服者法兰西斯克·皮泽洛（约1471/1476—1541年）和其手下168个男人的到来终结了印加的伟大时代。西班牙人在人数上处于劣势，但他们有钢铁武器、盔甲以及火药武器，还有马匹。与美洲驼不同，马可以载人，而且还强壮到足以启动机械、拉动轮式车辆（但这在很多方面是无实际意义的，因为印加人从未研制出轮子）。西班牙人抵达不久后，就在卡哈马卡战役中彻底击败了印加人，并俘虏了印加皇帝。第二年，皮泽洛和他的手下占领了库斯科，实际上终结了印加帝国，并开始了西班牙帝国对其领土的控制。

西班牙的殖民差点意味着美洲驼的末日。到了 17 世纪初，从欧洲来了一些新疾病，人们为获取驼肉屠杀它们，绵羊占了一些牧地，这些导致美洲驼的数量减少了 80% 以上。然而，当地土著继续把美洲驼当驮兽使用，从而保全了该物种。到了 20 世纪后期，美洲驼已扩散到了南美洲以外的地区。如今，备受青睐的驼毛使它在像美国、英国这样的国家成为一种越来越受欢迎的家畜。此外，美洲驼可另作他用，比如充当疗愈系动物，或者当守卫，保护家畜不受捕食者的攻击。

信鸽

1870 年 9 月 19 日，普鲁士军队同他们的德意志盟军一起围困了巴黎。城市被包围导致突围的企图极易受挫，又没有部队前来解围，因此巴黎人民面临一个漫长、饥饿的冬季。因为电报电缆被切断，所以巴黎跟外界联系主要靠热气球传送信件。有些热气球也运送一种几千年来都被用来传递信息的动物——信鸽。当鸽子降落在德国防线的后方时，法国人就将信息绑在它们身上，以带回被困的首都。采用的技术手段是当时最前沿的：从鸽子身上拿回微缩胶卷，用一台幻灯机（一种早期投影仪）放映它，用打字机改录成文字，然后再传递出去。尽管 360 只鸽子中只有六分之一返回了巴黎（普鲁士人用枪和鹰猎杀鸽子），但仍收到了6 万多条信息。1871 年 1 月 28 日，德军行军穿过巴黎，标志围城结束，但这提醒着人们信鸽具有一种独一无二的天赋。

信鸽（homing pigeon）由原鸽（rock dove）驯化而来。在野外，原鸽生活在沿海的峭壁和高山上。从公元前 3000 年起，人们就开始选择性地培育它。野生的原鸽已经适应了世界各地的城镇生活。信鸽即使在陌生的地盘上、在离家 900 多千米的地方被放飞，也能找到回自己鸽舍的路。作为强健有力的飞鸟，它们的速度可达 90 千米 / 时左右。科学家们提出它们恐怕是靠感知地球的磁场来认路的，但研究还显示它们能用地标来导航（它们被观察到沿着高速公路飞，并在交叉口拐了出去）。这意味着，在19 世纪 40 年代电报机问世之前，信鸽是最快、通常也最可靠的远距离传送信息的方式。

自从在巴黎之围中部署了信鸽以后，欧洲各国政府都加强了自己的信鸽储备。他们都意识到，当电报服务很可能被切断时，信鸽在战争期间的通信方面就能担任至关重要的角色。英国人在这方面没有足够快地跟上前进的步伐，这使他们担心自己可能落后。缩小"鸽子差距"的主要推动者之一是阿尔弗雷德·奥斯曼

（1864—1930 年）。他拥有一家名为《赛鸽》的周报，该报是为成千上万名养鸽者和赌赛鸽的赌徒们量身打造的。1914 年一战爆发后不久，奥斯曼设立了志愿鸽战争委员会。无偿劳动的他提出的第一个重大倡议是：沿着英格兰的东海岸兴建一个鸽舍网络，使船只和水上飞机能发送关于敌国海军在北海展开的军事活动的通知。他随后监管了西线的信鸽部署，在改装过的公共汽车顶上，装上可容纳 60 多只信鸽的移动鸽舍。虽然电报连接了战壕和作战总部，但炮轰常切断联系，而且及时维修并不总能做到。在这些情况下，前线士兵以及那些进入无人地带 3 的士兵，都可以用信鸽给他们的指挥官发消息。坦克队也会运送信鸽，但信鸽有时会被油烟熏糊涂。给跳伞到德国防线后方的比利时间谍都配发了装在篮子里的信鸽，它们将带着关于敌军阵地的报告飞回比利时。到一战结束时，奥斯曼的组织拥有 350 多个训鸽者，分发了 10 万只鸽子。

二战开始的时候，军方还能使用便携式战地电话和无线电收发机。然而，这些新技术仍然很脆弱，容易出现技术故障、受损、信号被干扰或被中断。英国政府又一次求助于信鸽。1940 年6 月，他们呼吁并鼓励养鸽爱好者自愿将他们的鸽子捐赠出来，为战争服务。1941 年 4 月 8 日，天鸽座行动开始了，该行动是英国一次最雄心勃勃地将信鸽应用于军事的实践。英国皇家空军在

---

3 no man's land，指边界处或敌对阵地间的真空地带。

纳粹占领的欧洲各地，从丹麦到法国南部，一共空投了 16554 只信鸽。这些信鸽被放进一个容器里，里面还有一个信封、一份问卷。找到信鸽的人在填好问卷后，把问卷放进那个夹在鸽子腿上的圆筒里。他们被鼓励发送关于德军的行动和位置、可能的轰炸目标的信息，甚至还包括他们是否能听到 BBC 广播的信息。在帮助构建德军部署的图景的过程中，尤其是在诺曼底登陆之前，这些消息发挥了至关重要的作用。信鸽也被配发给军事人员，特别是轰炸机里的机组人员。他们用专门的防水容器携带信鸽，事实证明信鸽是救命者。例如，1942 年，一架英国轰炸机在北海紧急迫降，于是机组人员就放飞了他们的信鸽温基，它飞了 190 千米回到邓迪市附近的鸽舍。救援任务得以启动，机组人员在 15 分钟内被找到。1943 年，温基因立了功而成为迪金勋章的首批得主之一，此勋章是为了表彰为军事和民防单位服务的动物们的英勇事迹而设立的。二战期间，还有 31 只信鸽获得了类似的荣誉。有人仍在培育信鸽，养鸽爱好者们也高度重视它们，竞争性赛鸽活动也离不开它们，但作为一种通信手段，它们已经过时了。

雪儿·阿美

一战期间，美国人有自己的鸽子，服役鸽子共计 6000 只，其中最著名的成员是雪儿·阿美。1918 年 10 月 4 日，在执行第 12 次任务时，子弹射穿它的胸和腿，一只眼睛也瞎了，但它还是飞回了鸽舍。它带回的仅靠一根肌腱连着的信息揭示了一个营的位置，那个营跟外界失去了联系，并遭到炮火的猛烈攻击。救兵赶来，194 名士兵得救了。雪儿·阿美装上了一条木腿，并被授予法国十字勋章，次年回到美国后去世。

鸸鹋

....

　　无数物种惨遭人类的毒手，成了人类暴力的牺牲品。1932年，这种暴力升级为直接武装冲突，当时澳大利亚军队试图消灭成千上万只鸸鹋，这在军事史上都是最不寻常的"战争"之一。

　　澳大利亚跟其他大陆分离开来的时间已超过了 3500 万年，这意味着它演化出地球上最独特的一些动物，包括袋鼠、短尾矮袋鼠、针鼹、考拉和袋獾。鸸鹋也是澳大利亚的土生动物。在现存鸟类中，它是体形第二大的，高 1.5 到 1.8 米，重可达 45 千克，无法飞翔，拥有相对小的 20 厘米长的翅膀。鸸鹋用奔跑能力弥补了飞行方面的不足，它跑起来的速度高达 50 千米/时左右。成千上万只鸸鹋"暴徒"成群结队地穿过澳大利亚的大地，搜寻果实、种子、嫩芽和小动物为食。

　　5 万多年前，人类从东南亚渡海来到澳大利亚。澳大利亚土著的定居点遍布整块大陆，他们创建了世界最古老的连续不断的文明。总体上，他们过着四处流浪的采猎生活，尽管有些群体实践了多种农耕方法。鸸鹋是他们的食物来源之一（骨头、羽毛、脂肪和肌腱也得到了利用）。他们通过模仿鸸鹋的叫声引来鸸鹋，然后用网捕捉它们，或者给它们的饮水洞下毒，这样就更容易抓到它们。它们大大的绿壳蛋重 400 多克，是一种有用的蛋白质来源。正如在采猎社会里常见的那样，澳大利亚的人口几乎没有增长。到了 18 世纪末，也许只有 30 万人生活在澳大利亚。

1788 年，情况发生了变化，当时一支运载 1000 多人的英国舰队抵达植物学湾，打算建立一个罪犯流放地。此前欧洲人曾来过澳大利亚，最早的是荷兰航海探险家威廉·杨松（约 1570—约 1630 年），但这次英国人将建成第一个永久殖民地。英国第一舰队预示着：欧洲人将大规模殖民澳大利亚，数百万的移民将随之而来，扩散到这块大陆的各地。澳大利亚土著所拥有的任何财产权都遭到了无视，因为英国人宣称这块土地是"无主土地"（terra nullis），即未被占有的不属于任何人的土地。成千上万名土著死于殖民者的暴力行径和他们带来的新疾病，当地土著对这类疾病没有天然的免疫力。欧洲殖民还引入了新的动物，例如猫、狐狸、兔子和猪，这损害了土生的动植物群。破坏性最大的是有毒的巨型海蟾蜍。它是 1935 年为了控制破坏甘蔗庄稼的甘蔗甲虫而从夏威夷引入的。巨型海蟾蜍在昆士兰州北部被放生 2400 只，发展到现在分布范围增加了约 2000 千米，数量已超过 2 亿。它们破坏了土生物种，导致一些物种在当地已灭绝。

1901 年，6 个英国结盟自治殖民地创建了澳大利亚联邦。一战期间，40 多万澳大利亚人参军，当时政府就确立了一个方案，要给予复员军人土地（然而，澳大利亚土著退伍军人没有资格）。许多老兵得到的土地位于西澳大利亚州。该州面积超过 250 万平方千米，是最大的州，但人烟稀少。政府提供补贴以鼓励大家种小麦。到了 1932 年，这些农民陷入极其严重的困境中：世界深受大萧条的困扰，政府未付补贴，旱灾来了。令事态更糟的是，2万只鸸鹋来到了坎皮恩镇的周边地区。它们推倒篱笆，践踏小麦作物，甚至连最小的嫩芽也吃，将整个地区的收成置于危险之中。绝望的农民游说堪培拉的联邦政府，请求帮助。

前来援助的是澳大利亚皇家炮兵部队第七重型炮兵连的G.P.W. 梅瑞迪斯少校和两名士兵。他们的武器装备是两挺刘易斯机枪（每分钟能射出500发子弹）和1万发弹药。陪军事出征队一起去的还有一个负责拍摄的摄影师，因为联邦政府想要大肆宣扬其对农民的支持。梅瑞迪斯和他的手下于10月初抵达，但是雨水使鸸鹋四散开去，于是针对它们的行动只能推迟到下个月。11月2日，梅瑞迪斯和手下的两名士兵在坎皮恩镇外扎营。当50只鸸鹋朝他们走近时，梅瑞迪斯叫当地的农民从两侧夹击，把它们朝他的火线上赶。事与愿违，鸸鹋反倒跑到了射程之外，因此它们的伤亡数量很有限。两天后，梅瑞迪斯尝试了另一种策略——他在一个饮水洞附近伏击了一群鸸鹋，但也只杀死了几十只，因为它们散得太快了。为了追赶鸸鹋，梅瑞迪斯把机关枪装在卡车上。不平的地形意味着鸸鹋轻易就能跑得比他们快，而且也使他们无法瞄准。到了 11 月 8 日，梅瑞迪斯只杀死了 200 只鸸鹋，就被召了回去。在农民的要求下，他于 11 月 13 日返回坎皮恩，但一周后仍然无法造成大量鸸鹋伤亡。士兵报告说，杀死鸸鹋是极其困难的，因为只有爆头才能确保撂倒它们。梅瑞迪斯宣称他一共杀死了 1000 只鸸鹋，但实际死亡数量很可能比他说的低得多，而且鸸鹋依然是该地区的讨厌鬼。看起来鸸鹋已经赢得了这场"战争"。从长远来看，控制鸸鹋的方法有给农民发子弹、提供赏金和改进篱笆。鸸鹋和人类的关系似乎已趋于缓和。西澳大利亚州已成了世界上最重要的粮食产区之一，同时澳大利亚全国的鸸鹋总数超过了 70 万只。

鸵鸟

世界上体形最大的现存鸟类是鸵鸟。它们能长到 2.7 米高，重可达 160 千克。它们跑得比鸸鹋快，冲刺的速度可达 70 千米 / 时。它们的眼睛宽约 5 厘米，是陆生动物中最大的。

3

传说、宗教与象征

猫

·········

猫科由包括老虎、猎豹、狮子在内的 37 种动物组成，其中最小的成员是猫。猫与人类一起生活了约 9500 年，最早是在西亚被驯化的。那时，发端于美索不达米亚的农业革命使西亚得以建成一些农村，于是就引来了一些小型啮齿目动物和鸟类在农田和粮仓中寻找食物。这为肉食性野猫提供了食物来源，于是野猫们就开始在这些小村落的里面及其周边生活。经过一代又一代，它们渐渐被驯化，跟人越来越亲近，最终还搬进了人类的家，但它们仍保留了野生祖先一些敏锐的狩猎本能。猫一直是防治害兽的理想动物。它们的嗅觉、听觉和视觉都很强大，身手敏捷灵活、平衡性好，爪子锋利、伸缩自如。猫从西亚扩散到了欧亚大

陆和非洲各地。公元前 3300 年左右，野生豹猫在中国的中部被独立驯化成猫。农村发掘出来的骨头显示，它们吃以谷物为食的小型啮齿目动物，但由豹猫驯化而来的这种猫在诞生后的 300 年内就消失了。

没有哪个文明像古埃及文明那样尊崇猫。6000 多年前，古埃及人开始养猫。公元前第三千纪中期，埃及宣布猫是一种神圣的动物，将它变成敬拜的对象。他们把猫的青铜模型当祭品，把猫的小雕像当护身符带在身上。布巴斯提斯市出现了对猫头女神巴斯泰托的膜拜，她是太阳神拉的女儿。一开始，巴斯泰托是好战的母狮女神，但因为与猫的联系越来越多，所以变得越来越温柔，于是就成了怀孕和分娩的守护神，以及抵御恶魔和疾病的保护神。布巴斯提斯有一座占地面积很大的供奉她的神殿，在那里已经发现了成千上万具被制成木乃伊的猫尸。家猫死后，尸体通常被制成木乃伊，而且常葬在主人身边（常常还有为死后生活而准备的被制成木乃伊的老鼠）。在埃及，一只猫的死亡确实能引发强烈的哀悼。伤害它们被认为是一项禁忌，到了公元前 5 世纪中叶，杀猫就会被处死。

埃及的大多数地区很干旱，幸亏有尼罗河提供河水，一年一度的洪水泛滥还使土壤肥沃，它才繁荣兴旺。粮食储备是财富和威望的基础。猫能够如此有效地保护粮食免受害兽的糟蹋，怪不得深受古埃及人的敬重。这最终将有损于他们，还加速了埃及法老的下台。公元前 525 年，波斯帝国皇帝冈比西斯二世（死于公元前 522 年）率军入侵埃及。波斯军队逼近贝鲁西亚——一座位于尼罗河三角洲东部的重要城市。一份古代资料显示，波斯士兵把猫赶在他们前面，将猫抱在怀里，还把猫画在他们的盾牌上。这使埃及人不愿与之交战，导致波斯人取得了决定性的胜利。随后，埃及首都孟斐斯被攻占，埃及就成了波斯的一个行省。从那以后一直到 1953 年埃及共和国赢得独立，埃及一直处在一系列外来强国（包括希腊、罗马、拜占庭、阿拉伯、奥斯曼和英国）的直接统治或支配下。

克里米亚半岛的汤姆

　　1855 年 9 月 9 日，克里米亚战争期间，英法联军经过 11 个月的艰苦围攻，终于攻占了沙俄的堡垒城市塞瓦斯托波尔。一名英国军官在这座被摧毁了的城市里到处搜寻物资时，发现有一只猫在瓦砾中。他收养了它，给它取名为"汤姆"。随后，汤姆在废墟里嗅出了一些隐藏着的食物，救了英法士兵们，使他们免于饥饿。它后来被带去了英国，并于 1856 年死在那里。

　　尽管法老禁止出口猫，但是在公元前 1500 年左右，猫就从埃及传入了欧洲。人们沿着贸易路线运送它们，最早做这事的是腓尼基人。作为源自今黎巴嫩的海洋民族，腓尼基人沿着古地中海的海岸建立了一个商业帝国。他们把猫带上船，很可能是为了防治害兽，这是他们在海上和在陆地上一样擅长做的事。后来，公元 16 到 19 世纪期间,猫将会通过欧洲船只以类似的方式扩散到美洲、澳大利亚和其他地方,还常常伤害那些容易被新来物种捕食的当地野生生物。其实,猫已经造成了至少 33 个物种的灭绝,它们每年还要杀死几十亿只鸟和小型哺乳动物。

如果说古埃及是爱猫顶峰的话,那么中世纪的欧洲就是猫之谷底。猫,尤其是黑猫,开始被许多基督徒视作恶毒力量、邪恶代表。据说,那些跟恶魔勾结的人,比如女巫,把猫当作她们的"妖精"(听从其邪恶指令的动物)使唤,女巫有时还跟异教团体有关。在黑死病时期(1346—1353 年),猫常常首当其冲,被指责传播了疾病,导致成千上万只猫被杀死。在东亚,人们对猫的看法较为正面,认为它们能带来好运。在日本,招财猫(Maneki-neko)小雕塑已成为一种流行幸运符,摆在许多家庭和营业场所里。传说,有只猫将一位皇帝叫进了寺庙,从而救了他一命,使他没被闪电击中。这就是招财猫的由来。但是,在泰国(旧称"暹罗"),猫作为爱家恋家、繁荣兴旺的象征,甚至更受钟爱。猫在泰国王室中享有特殊的地位,王室饲养并培育猫,这意味着泰国是许多最受珍爱、最具历史意义的猫的品种的原产地,比如暹罗猫、泰国御猫(Khao Manee,意为"白宝石")。

对猫(和它们的人类主人)来说,幸运的是,到了 19 世纪,对猫的负面看法在西方逐渐减少了。它们现在是世界上最受欢迎的宠物之一,是成千上万家庭中备受钟爱的一员。

欧亚棕熊

很多文化是带着敬畏、喜爱和尊重之心来看待熊的。世界上一共有 8 种熊。它们普遍是攀爬和游泳的好手，拥有极佳的嗅觉、强大的咬合力和过分好奇的本性。除了安第斯山脉的眼镜熊以外，其他熊都生活在北半球。栖息地从北极熊游荡的北极圈一直到东南亚的热带森林——马来熊的家园。绝大多数熊生活在森林里。分布最广的是棕熊，分布范围是从西班牙穿越欧亚大陆一直到日本的北部。通常被称为"灰熊"（grizzly）的是生活在北美的棕熊的一个亚种。

万物有灵论认为，植物、动物、无生命物体和地貌特征都具有某种形式的灵魂或精神。这种观念存在于世界各地的宗教信仰体系中。在这些文化里，物质世界和精神世界之间往往没有严格的边界，这使得在两个存在层面之间移动是有可能的。随着基督教的兴起，继它之后又有伊斯兰教，信仰万物有灵论的宗教频频被描绘成"异教"，并遭到压制，压制手段是迫害和强迫改变信仰，这导致了这些宗教的衰落。尽管花了几百年时间移除异教和万物有灵论的习俗信仰，但它们通常在许多地区依然根深蒂固，尤其是在偏僻的农村地区。考虑到棕熊强壮有力、不屈不挠的天性，许多"异教徒"民族就将它放在他们精神世界的中心，甚至把它看作一种祖灵或指引灵。

12、13 世纪时，异教徒芬兰人皈依了基督教。在此之前，他们认为棕熊是一种神圣的动物，是森林的守护者（现在它是芬兰的国兽之一）。该信仰的中心是一个叫"卡尔洪佩亚斯"（Karhunpeijaiset）的庆典。庆祝活动中，熊被杀死献祭。随后，被带回村举行盛宴。盛宴中，熊肉被分享，熊牙齿被分发给人们当护身符。人们相信，这将使人拥有熊的官能和力量。盛宴结束后，人们唱着歌、排着队把熊的头骨和其他骨头带回森林里。头骨被挂在树上，其他骨头则被埋了起来。这个仪式在一定程度上表现了对熊的尊重，但也显示了人类对自然的主宰。

西伯利亚的土著民族对棕熊持类似的尊重态度。例如，鄂温克人认为熊是世界的造物主，人类能得到火这份礼物是熊的功劳。很多人把熊视为自己的祖先在尘世的化身，称熊为"祖父"

或"父亲"。为了表达崇敬之情，尼夫赫人会举行一场仪式。他们抓到一头熊幼崽，把它当村里的一员养大，然后给它穿上礼服后再杀了它，这象征它回到了精神世界，并希望它将来带来祝福。西伯利亚的其他民族一直都在举办该仪式和其他类似的，甚至苏联时代开始后，把这类仪式当作腐朽的迷信试图加以禁止，但它们还是延续了下来。虽然棕熊崇拜不被赞成，但是它长期一直都是俄罗斯民族的象征。

北海道是日本主要岛屿中最北的。当地土著是阿伊努人。两万多年前，他们从西伯利亚经由大陆桥来到这里定居了下来。阿伊努人是采猎者和农民。他们所维系的社会在很大程度上不同于日本其他地方的。这种情形一直持续到公元16世纪，当时日本统治者开始向北扩张势力，并取得了对北海道的控制权。许多日本人移居北海道，遭遇暴力和疾病的阿伊努人的人口减少了。尽管如此，阿伊努人的文化和语言还是保留了下来，关于阿伊努人风俗习惯的知识也幸存了下来。最著名的习俗之一就是有关棕熊的。跟许多西伯利亚土著一样，阿伊努人视棕熊为志趣相投的同类，一部分是因为他们共享一种杂食性饮食结构，以鱼和浆果为食。对他们而言，熊是以熊的肉体、皮毛形式造访尘世的神明。在一个叫"伊阿曼特"（iyomante）的仪式上，人们会在冬季收养一头熊幼崽，把它当成村里的一员养大，喂它吃人类食物，有时甚至还有女人来给它喂奶。两三年后，它被用来献祭，人们用箭射它，再勒死它，还要将它的头砍下来。这个仪式解放了它的灵魂，使之可以重返天堂，但是它的毛皮当然会留给人类。献祭之后，大家就开始大吃大喝、跳舞、唱歌，活动会持续三天。于是，棕熊不但滋养了社区，而且还提醒人们不要忘记他们与自然界的紧密联系。

大熊猫

原产于中国中南部的大熊猫是唯一草食性的熊。它是一种偶像动物，也许是因为它那身非常漂亮的黑白毛皮。黑色的部分帮助它藏在森林里的阴影中，白色的部分在雪地里起到保护色的作用。每只熊猫眼睛周围黑斑的大小和形状都是独一无二的，这有助于它们认出彼此。

灰狼

∙∙∙∙∙∙∙∙∙∙∙∙

"灰狼"，通常仅被称作"狼"，生活在欧亚大陆和北美各地，适应力很强，能够在沙漠、森林和北极冻原生存。它们曾经的分布范围甚至更广，远至日本、墨西哥和中国的南部。虽然非洲大陆上没有土生的灰狼，但有其近亲——埃塞俄比亚狼。直到最近，它才被归类为一种胡狼。它生活在埃塞俄比亚的高地上，是一种濒危物种。

从凶猛的对手到勇敢的祖先，狼在许多文化的神话里都扮演了突出耀眼的角色。因此，难怪许多人赞赏它们。狼是不知疲倦的猎人，通常一天至少行进 20 千米，速度可接近 65 千米/时。人们如此尊敬狼，也许是因为狼群结构是忠诚、团结的代名词。它们以 6 到 10 只为一群，紧密团结在一起，地盘意识强，狼群通常由一对交配成功的头狼和它们的后代组成。狼幼崽在性成熟后可能先当一段时间的独狼，然后再加入或组成另一个狼群。人们观察到还有由约 40 只狼组成的更大的狼群，但是这种往往只暂时存在。狼群共同协作寻找食物，通过气味标记、肢体语言和狼嚎沟通交流。它们靠合作可以拿下比自己大得多的动物，例如麝牛、驼鹿和熊。

神话中最具毁灭性的狼是芬里尔，它出现在挪威和德国的民间传说中。芬里尔是诡计之神洛基和一个女巨人的孩子，长大后变得极其凶残和庞大，以致诸神不得不用链条把它锁在地上，用剑撑开它的嘴。然而，有一个预言说，当善恶大决战导致当今世界毁灭之际，芬里尔将挣脱束缚，吞噬太阳。在欧洲的中世纪末期和近代早期，兽性失控的主题成了狼人这种大众信仰的一部分。有些人要么是被恶毒诅咒了，要么是被咬了，反正会变身成狼（或是一种人狼的混合体），通常在每个满月时引发混乱和流血事件。在欧洲猎杀女巫狂潮中，成千上万名无辜的人（绝大部分是女性）遭到了暴力对待和迫害，一些也被当成狼人审判并处决，其中最著名的是德国农民彼得·施通普（死于 1589 年），被判谋杀 18 人的罪名成立。施通普声称，魔鬼给了他一条腰带，腰带赋予了他变身为狼的能力。正如女巫审判到了 18 世纪中叶已大大减少了一样，狼人的疑似案例也锐减了，但是二者依旧是流行文化中强大、永恒的陈词滥调。

狼和世界史上两个最伟大帝国的神话在本质上有密切关系。传说，罗马的缔造者是罗慕路斯（Romulus），他是战神玛尔斯和来自意大利中部城邦阿尔巴隆加的公主雷亚·西尔维亚的儿子。罗慕路斯和他的孪生兄弟雷慕斯（Remus）还在婴儿时就被他们的叔外祖父阿姆利乌斯[4]判了死刑。阿姆利乌斯夺取了阿尔巴隆加的王位，还想除掉任何潜在的对手。但他的仆人们不愿让

---

4 阿尔巴隆加国王的弟弟，即孪生兄弟外祖父的弟弟。

自己的双手沾满鲜血，于是就把他们放在一个篮子里，让篮子顺着台伯河漂流，试图让他们冻死或饿死。一只母狼发现了罗慕路斯和雷慕斯，把他们带到它的洞穴里，还给他们喂奶，还有一只啄木鸟也给他们带来了食物。两兄弟后来被一个牧羊人及其妻子发现，并抚养长大。罗慕路斯和雷慕斯成年后在俯瞰台伯河的七座山上共同创建了一座城市。他们无法就城市的选址达成一致意见，于是罗慕路斯就开始绕着帕拉蒂尼山划出城墙的位置。雷慕斯为了表示鄙视，于是就嘲讽地跳了过去。罗慕路斯就杀了他（其他记载说，是诸神因他的嘲弄而击毙了他）。罗慕路斯成了罗马的第一任国王，创建了罗马，并实现了它的最初发展。随着罗马发展成为一个帝国，母狼和孪生子的形象变成了罗马图像学中一个重要部分。

狼在蒙古帝国也居于中心地位。帝国缔造者成吉思汗（1162—1227 年）自称是神话传说里一只蓝灰狼的后代，据说，这只狼是蒙古族的共同祖先。1206 年，成吉思汗统一了蒙古各部，为最终建成一个从朝鲜半岛一直延伸到欧洲中部的帝国奠定了根基。在战役中，蒙古族偶尔会跟突厥结成盟友。突厥也是生活在欧亚大草原上的游牧民族，最终本身也成了一支强大的力量，征服并统治的领土位于中亚和安纳托利亚。其中有一块领土后来成了奥斯曼帝国，奥斯曼最终扩张到三大洲，统治着北非、东南欧和中东的大部分地区。突厥神话中一个重要部分是母狼阿史那。据说，她拯救并养大了一个突厥王子，他是其部族在一场残酷战争后的唯一幸存者。阿史那和该王子育有 10 个人狼孩子，他们就是突厥人的祖先。

尽管狼受人尊敬，但它们的掠食本能常导致它们与人类不和。虽然狼极少攻击人，但在很多地区它们都是跟人抢肉类的直接竞争对手。而且，它们对家畜的攻击威胁了一些社区的繁荣，有时威胁的甚至是生存。狼渐渐被视为害兽，遭到了农民和牧场主的滥捕和滥杀。到了 20 世纪中叶，狼在北美和欧洲濒临灭绝。在过去的半个世纪里，保护工作使狼在数量上得以复苏，这令一些仍把狼看作一种生计威胁的农业社区偶尔感到苦恼。

野彼得（约 1713—1785 年）

由野生动物抚养的孩子是一个反复出现的文学形象。历史上，也有一些例子，比如 1725 年被发现生活在德国北部森林里的野孩子彼得。他不会说话，四肢着地行走，因此很多人断言他被狼照顾过。他被带进了乔治一世（1660—1727 年）位于伦敦的宫廷，在那里试图教育他的所有努力都失败了。最终，他被送到赫特福德郡的一座农场生活，并死在那儿。现在人们怀疑他患有皮特 - 霍普金斯综合征——一种引发智障的罕见遗传病。

猴子

....

现在一共有近 200 种猴子，它们都是灵长目动物。猴跟猿的区别在于猴有尾巴。大多数猴子生活在热带森林里，在树与树之间穿梭，常把能卷缠、抓握的尾巴当作第五肢使用。它们是最聪明、最有好奇心的动物之一，能够解决问题、吸取经验教训。它们是高度社会性的动物，生活在通常由数以百计的猴子组成的猴群里，首领一般是雌性。

猴子可分为两类：旧世界猴和新世界猴。旧世界猴原产于非洲和亚洲（尽管在直布罗陀有数量很小的欧洲猴），而它们的新世界近亲则生活在南美洲和中美洲。由于过分好奇并偶尔调皮捣蛋，所以猴子在民间传说中常以聪明、精力旺盛的骗子的形象出现（但是在玛雅宗教里，怒吼猴神是艺术和手工艺的守护神），最能体现这种形象特质的莫过于两个最受人们喜爱的亚洲传说中的人物：哈奴曼和孙悟空。

创作于公元前 4 世纪的《罗摩衍那》是一部梵语史诗。它讲述了印度教的主神之一毗湿奴的第七次化身——罗摩的故事。罗摩的主要伙伴之一是猴子哈奴曼。拥有法力的哈奴曼年轻时犯下了一些恶行，以致一位圣人对他下了咒语，使他忘了该如何使用法力。邪魔王罗波那绑架了罗摩之妻悉多后，横渡大海，把她带到自己的堡垒楞伽岛上。哈奴曼在解救悉多的过程中发挥了重要的作用。在他的天赋被重新唤醒后，哈奴曼变得巨大无比，一跃就到了楞伽岛上，在岛屿上四处查看后，找到了悉多被囚禁的地方。他不慎被抓住，尾巴还被点燃，但他挣脱了束缚，并在罗波那的堡垒里到处乱跳，引起了一场大火。随后，他回到罗摩身边，集结了一支猴军，建起了一座通往楞伽岛的浮桥。在随后发生的战斗中，罗摩击败了罗波那，哈奴曼在其中起了重要作用。他担任将军，娴熟地挥舞着他的金刚杵（一根有尖钉的狼牙棒）。当罗摩的兄弟罗什曼那受了致命伤的时候，哈奴曼跳上了喜马拉雅山脉中的一座山峰，因为只有那里才有治愈罗什曼那所需的草药。由于找不到想要的草药，因此他就大力将整座山连根拔起，再把它送到战场上，及时救下了罗什曼那。为了报答他忠心耿耿

的贡献，罗摩赐他永生。印度到处都是供奉他的寺庙，到了 17 世纪时，他成了印度教徒反抗莫卧儿帝国统治的象征。哈奴曼的故事传遍了整个亚洲。他也出现在佛教经典中，以及印度尼西亚、马来西亚和柬埔寨的神话传说里。

孙悟空是吴承恩（约 1500—1582 年）的小说《西游记》中非常重要的角色，该书被认为是中国经典名著之一。它讲述了玄奘（原型是一位生活在公元 7 世纪的真实人物）的故事。他是一名前往中亚和印度求取佛经的中国和尚。在这趟危险的旅程中，他的保护者就是孙悟空。在此之前，孙悟空过着以自我为中心的混乱生活。从石头缝里蹦出来的他拥有一身通天本领，自称为"猴王"。他一跃就能跨过半个世界，有七十二变的本领，还是熟练的斗士，挥舞着一根有魔力的能缩成绣花针大小的金箍棒。他死后来到了地府，从生死簿上抹去了自己的名字，从而获得了永生。玉皇大帝——中国古代众神的领袖在听闻了他的神通后将他召至天庭侍奉。原本以为自己能获得一个显赫官职的孙悟空在得知自己竟只是掌管马厩的弼马温后勃然大怒，最终暴力反抗玉皇大帝，并击败了前来降服他的十万天兵。如来佛祖亲自出面才降服了他，最终把他镇压在了五指山下。在被囚禁了 500 年后，孙悟空才被放了出来，得到一个侍奉玄奘以弥补过去恶行的机会。为了确保他表现良好，孙悟空被迫戴上了一个铁制头箍。玄奘一念咒，头箍就会自动缩紧，从而令孙悟空头痛难忍。孙悟空证明了自己是一名忠实的徒弟，他保护玄奘不受盗贼和妖魔的伤害，确保玄奘从西天安全地回到了中国。为了表彰其功绩，孙悟空被封为"斗战胜佛"。他已经彻底变了，不再是原先那个蔑视世界、恣意妄为的形象。他的名字"孙悟空"的意思是"了悟空虚的猴子"，这折射出了他的般若之旅。

杀死国王的猴子

1920 年 10 月 2 日，希腊国王亚历山大一世（1893—1920年）在他位于雅典北边的塔托伊庄园内散步。三年前加冕的他已经沦为傀儡，因娶了一平民而酿成丑闻，此时才刚回国。那天，他的德国牧羊犬弗里茨与他的一个手下养的一只巴巴利猕猴（原产于北非的一种猴子）发生了冲突，他出手介入。正当亚历山大一世努力分开它们时，被另一只巴巴利猕猴咬了两口。虽然伤口得到了清洗，但还是感染了，并引发了脓毒症，导致他死于 10 月 25 日。其死亡诱发了宪法危机、继承之争以及把希腊变为共和国的呼声。希腊当时正在与土耳其打仗，不但丢掉了在安纳托利亚半岛上刚占领的土地，而且最终于 1922 年战败，政治动荡可能是导致这种局面发生的原因之一。

猫头鹰

· · · · · · · · · · · · · · ·

正如雅典城代表了古希腊的文化影响和学术成就的巅峰一样，猫头鹰也常常象征学识。猫头鹰和学识之间的纽带是女神雅典娜。她是宙斯的女儿，是智慧、军事战略和手工艺女神，还是雅典的守护神。她的主要标志是猫头鹰，具体来说是一种名叫"小鸮"的猫头鹰物种。雅典娜身边一般总有一只猫头鹰，据说它是她的智慧源泉之一。虽然雅典娜在整个古希腊世界都很受欢迎，但是她与雅典的关系最密切，并很可能得名于雅典城。俯瞰雅典的帕特农神庙是雅典的主要地标，神庙里供奉的其实就是雅典娜。猫头鹰象征着雅典人对雅典娜的忠贞不二与全心全意，因此雅典人宣称猫头鹰是神圣的，还将其形象印在硬币上。如果雅典步兵方阵在投入战斗的行军途中看到一只猫头鹰从头顶飞过，据说这就是胜利的预兆。

现在一共有 225 种猫头鹰，生活在除南极洲外的其他各洲，栖息地从热带森林到冻土苔原，多种多样。它们都是捕食者，通常以小型哺乳动物为食（但是有一些猫头鹰，例如雕鸮，捕食较大的猎物，比如狐狸，甚至偶尔还会捕鹿），一般在夜间出没。没有一种猫头鹰显得特别聪明，甚至在鸟类中也是如此。它们不太群居，大多过着独居生活。猫头鹰的大脑相对它们的体形而言有点儿

小。它们往往并不会表现出太多的好奇心。与其他很多猛禽不一样，人们难以训练它们。此外，许多鸟类能够筑成复杂的巢窝，而猫头鹰却倾向于窃占别人的，或者把树上或地上的洞穴当巢用。无论猫头鹰在智力上可能欠缺什么，都在身体结构方面得到了绰绰有余的弥补。它的身体完美地契合了它作为一名猎人的需求。

猫头鹰最鲜明的特征是那双睁得大大的前视眼睛[5]。它们使很多文化把猫头鹰当作智慧的代表，因为它们给猫头鹰增添了一种庄重而高贵的气度。这种眼睛其实并不说明才智，但它们确实使

5 forward-facing eyes 是长在头正面的眼睛，与 sideways-facing eyes（侧视眼睛，分别长在头的两侧）相对。俗话说，"眼睛在两侧的动物是东躲西藏的猎物；眼睛在前面的动物是穷追不舍的猎人"（eyes on the side, animals hide；eyes on the front, animals hunt）。

猫头鹰拥有惊人的超强视力，尤其是在光线暗的条件下。为了做到这一点，猫头鹰的眼睛大得与其头骨的大小不成比例，但它们在眼窝内却是无法转动的。为了弥补这一点，猫头鹰的脖子能旋转超过 270 度，这意味着它们无须转动身体的其他部位就能看到自己的后面。猫头鹰的听力也很强，耳朵周围环绕着轮状皱领状的羽毛，它们起到了汇聚声音的作用。猫头鹰的听觉极其精确，仅靠猎物发出的声响就能定位看不见的猎物。强大视觉和发达听觉的结合弥补了猫头鹰在嗅觉方面的发育缺陷（味觉也有问题，但这使它们能吃臭鼬之类的恶臭动物）。另外，猫头鹰飞行时几乎不发出声音，这要归功于给翅膀拍打消声的羽毛。因此，猫头鹰的猎食方法是：在栖木上耐心地等待着，直到锁定捕食目标。一旦确定猎物，就俯冲下来，从草丛中抓起猎物，或者在其他情况下从水中抓鱼。这种兼具耐心和眼力的特质可能是印度教的财富和幸运女神拉克什米骑着一只白猫头鹰的原因。

　　因为猫头鹰在黑暗中能视物，而且能看到其他动物看不见的东西，所以它们经常被视为未来事件的预兆。虽然古希腊人一般相信它们是好兆头，但其他大多数民族则不这样认为。这也许跟它们诡异的、有点像来自阴间的普通叫声和刺耳尖叫声有关。在中世纪和近代早期的英国，猫头鹰叫是寒冷天气或暴风雨的预兆，它们的尸体有时还会被钉在谷仓的门上，以防谷仓被闪电击中。古罗马人相信听见猫头鹰叫是凶兆，而美国西南部的阿帕切人则认为梦见猫头鹰预示死期将近。肯尼亚中部的基库尤人同样相信看见猫头鹰预示死亡。阿兹特克人也将猫头鹰和人必有一死联系在一起，他们的死神米克特兰堤库特里（Mictlantecuhtli）戴的头饰里有猫头鹰的羽毛，有时还与猫头鹰一起出现。最后，在印度的一些地区，猫头鹰既不象征智慧，也不能预言未来，而是愚蠢、自负和懒惰的符号。

聪明的乌鸦

乌鸦这种鸟（包括稍大的渡鸦）比猫头鹰更有资格当智慧的代表。乌鸦非常聪颖，是高超的模仿者，在狩猎、搜寻腐肉和其他食物时还能够通力合作。它们不像猫头鹰那样受尊崇，也许是因为它们有从人类那里偷亮晶晶的东西的习惯，于是就得了个讨厌鬼和骗子的名声。

鹰

很少有动物象征力量和威望能达到跟鹰一样的程度。自古以来，鹰就代表了威力和胜利，还跟神性联系在一起。世界上现存有 60 多种鹰。它们大多吃小型哺乳动物，但已知有一些鹰捕食的猎物较大，比如鹿、狼和食蚁兽，另一些则专心捕蛇和鱼。归根结底，鹰就是机会主义进食者，吃各种各样的动物，甚至吃腐尸腐肉，而且还会从其他掠食者那儿偷食。

在许多宗教里，鹰都是重要符号，通常与强大的神紧密联系在一起。美国原住民的许多族群都将它们奉为圣鹰，常视其为连接尘世和灵界的纽带。鹰的羽毛享有极高的威望，过去最勇敢的武士常被授予鹰羽，现在人们在仪式中继续使用和佩戴它们。古希腊的神王宙斯和他在罗马神话中的对应神祇朱庇特的伙伴都是鹰。毗湿奴是印度教的主神之一，他的坐骑迦楼罗同样是一个像鹰的巨型生物。教堂里使用鹰形诵经台，象征着正在传播神之道（它还与四福音书中《约翰福音》的作者圣约翰有关）。尽管鹰在宗教上具有重大意义，但它跟世俗世界的联系还是最密切的。

如此多政体选择鹰来树立权威形象的主要原因是它与罗马共和国和后来的罗马帝国有关。罗马力量的根基是军队。它发展出一支职业常备军，其组织单位被称为"军团"，军团人数在 4000 到 6000 之间。每个军团中都有一名士兵负责扛该部队的旗帜，悬挂在长杆上的军旗可以使溃散的队伍重新集合起来，还能用来传达军令。这些旗帜上原先有各种不同的动物（包括狼、马和野猪），但是公元前 104 年实施的军事改革明确规定只能使用鹰。被授予"拉奎里弗"（aquilifer，意为举鹰旗的士兵）称号是一项很高的荣誉，丢失他们的鹰会给整个军团带来耻辱。鹰作为罗马帝国的定义标志之一，也出现在硬币、雕像和雕刻图案上。

内部动乱、经济萧条和外敌入侵（以及其他因素）导致罗马的实力在公元四五世纪时衰落了。公元 476 年，意大利的末代皇帝被入侵的日耳曼部落推翻，此时罗马在西方的影响力日渐变小。许多有志于建立帝国的统治者都打着继承罗马衣钵的旗号。其中之一是法兰克国王查理大帝（公元 748—814 年），他在公元9 世纪初统一了西欧和中欧的大部分地区。公元 800 年，教皇加冕他为"神圣罗马皇帝"，表示他是罗马帝国地位的继承人。虽然在他死后查理曼帝国就分崩离析了，但是他的遗产仍然意义重大，他的私人标志之一——鹰在德意志变得格外重要。查理大帝死后，德意志地区分裂成数百个不同的王国，它们和周边的一些地区仍然是神圣罗马帝国的一部分。神圣罗马帝国一直到 1806年才灭亡，但实际上是一个权力高度分散的政体，其成员国享有高度的独立自主权。成员国之一的普鲁士最初是波罗的海地区的一个小公国，它把鹰用在自己的盾徽上。崛起后的普鲁士成为建立于 1871 年的重新统一的德意志帝国中的一股支配力量。它的国家象征——"帝国之鹰"后来就成了德意志团结统一的代名词。一战战败后，德意志帝国于 1918 年灭亡，但在魏玛共和国时期（1918—1933 年）和在纳粹统治下（1933—1945 年），鹰仍然是国家象征。当德国于 1949 年被分割成东西德时，在共产主义的东德，鹰不再是国家象征，但在 1990 年两德重新统一后，它再次成了整个国家的象征。

　　罗马帝国在东方继续以拜占庭的形式存在着。到了公元 13世纪，拜占庭皇帝开始采用双头鹰作为他们的标志。双头鹰的原型可能是中亚神话中的一头野兽，由移居安纳托利亚的突厥人引入拜占庭世界。1453 年，奥斯曼帝国的军队攻占了君士坦丁堡，并将其重命名为伊斯坦布尔，拜占庭帝国崩溃了。另外两个强国——俄国和哈布斯堡王朝则继续使用双头鹰，它代表了这两国向东方和西方扩张版图的野心，而且还都取得了成功。哈布斯堡家族在中欧和东欧建立起了一个存活到1918年才解体的帝国（家族中的西班牙分支统治过一个全球帝国，它横跨南美洲和中美洲，并延伸到了菲律宾）。俄国成了欧洲列强之一，版图扩张到中亚，并一直东扩到太平洋。1917年俄国革命带来了共产主义统治，双头鹰不再是国家象征，但随着苏联的解体，1993年双头鹰重新成为国徽的主要特征。

在阿拉伯世界里，鹰是一个重要符号。为此奠定基础的是萨拉丁·优素福（Salah ad-D Yusuf，1137—1193年），西方人更耳熟能详的名字是萨拉丁（Saladin），他把鹰（双头之形）用在自

己的私人旗帜上。实际上是库尔德人的萨拉丁是中世纪世界的伟大领袖之一，最终成了中东大部分地区的统治者。在他的领导下，1099 年十字军建立起来的对耶路撒冷和圣地的控制遭到了致命的打击。十字军国家的确收复了一些位于圣地的领土（包括从 1229 年到 1244 年由它们控制的耶路撒冷），但它们的支配力已大幅下降，最终于 1291 年被彻底排挤了出去。1952 年，萨拉丁之鹰重现。当时一群军官推翻了埃及的君主制，并将萨拉丁之鹰当作他们建立起来的共和国的象征。此举很合适，因为开罗曾是萨拉丁创建的阿尤布王朝的首都。萨拉丁之鹰继而成为阿拉伯民族主义和团结的一个重要象征，现在仍然是埃及盾徽的特色，也是伊拉克、巴勒斯坦和也门在盾徽上的特色。科威特、利比亚、叙利亚和阿联酋等其他几个阿拉伯国家的国徽上用的是另一猛禽古莱氏之鹰（先知穆罕默德的部落的象征）。

津巴布韦鸟

建于公元 11 至 15 世纪之间的大津巴布韦是津巴布韦王国的首都，该王国是当时非洲南部的一个强大政权。大约在公元 1500 年之后，大津巴布韦被遗弃了。现在在其遗址中发现了一些皂石雕像，雕塑的是一种躯体像鹰的鸟，这种鸟被称为"津巴布韦鸟"。1980 年，现代的津巴布韦共和国在赢得独立后以中世纪的王国之名为名，并以津巴布韦鸟为国徽的特征之一。

北美的两个国家——墨西哥和美国都把鹰当成国家象征。墨西哥自从 1821 年摆脱西班牙统治赢得独立以来，国旗上就一直有鹰。鹰作为象征始于 1325 年左右。当时，墨西卡人（the Mexica people）遵循传说中的一个预言，在看见有一只金色的鹰停在仙人掌上吃一条蛇的地方兴建了特诺奇蒂特兰城。该城后来成了阿兹特克帝国（the Aztec Empire）的首都，在西班牙帝国的统治下又是墨西哥城（Mexico city）的所在地。最后，鹰，具体而言是白头海雕，自 1782 年以来就一直出现在美国的国徽上。它一爪紧抓着象征和平的橄榄枝，另一爪紧握着一束 13 支箭（代表最初的 13 个州）。它已成为美国的力量和威望的象征，在某种意义上，美国继承并延续了源自罗马的统治遗产。

赤狐

狐属（the vulpes），又名"真狐狸"（true foxes），是犬科（the canines）下的一亚科。它们比其近亲——狼（wolf）和胡狼（jackal）都要小些，头骨也扁平些，两眼之间还有黑色的三角形斑纹。它们尾巴末梢的颜色与身体其他部位的毛色不同。一共有 12 种狐狸，分布于除南极洲外的其他各大洲。这些狐狸中有即使温度低到零下 50 摄氏度仍能生存的北极狐，也有生活在北非干旱荒漠中的拥有 15 厘米长的大耳以散热的耳廓狐，形形色色，多种多样。狐属动物中体形最大、分布最广的是赤狐，它遍布整个北半球以及南半球的澳大利亚。它于 19 世纪 30 年代被引入澳大利亚，从此就成了当地的入侵物种。它能够适应各种栖息地的生活，它的足智多谋使它成为动物狡猾的象征。

在欧洲民间故事中，最伟大的骗子之一是列那狐。公元 12 世纪，一系列寓言故事最早出现在法国、德国和低地国家[6]，列那狐是故事的主角。虽然他有时阴险狡诈、自私自利，还时常占其他拟人化的动物的便宜，尤其占跟他对抗的叔叔伊桑格兰狼的便宜，但是列那狐的故事向人们展示了机智是如何战胜蛮力的。尽管列那狐会耍一些花招，但是出现在东亚神话中的狐狸们则强大

---

6 the Low Countries 是荷兰、比利时、卢森堡三国的统称。

得多。

"狐狸精"一词首次出现在成书于公元前 333 年的一部中国古代文学作品中。它是能长出九条尾巴的赤狐。每过一个世纪，它就新长出一条尾巴，功力也渐长，后来甚至成了不死之身。狐狸精可以预示未来，看见一只狐狸精也可能是一个好兆头。大禹是中国第一个统治王朝夏朝带有半神话色彩的开国君主。在控制住了黄河泛滥的洪水之后，他在民众的拥戴下登上了王位。在他取得所有伟大功绩之前，他见到了一只九尾狐。随着狐狸精形象越来越成熟，它获得了化为人形的变身能力，而且通常以美女之姿示人。它与人相处，既行善又作恶：一方面，它能治疗疾病；但另一方面，它又能操控人的心智，兴风作浪，大搞破坏。从大约公元前 1600 年到公元前 1046 年的这段时间里，商朝统治着中国。妲己（约公元前 1076—公元前 1046 年）是商朝末代君主帝辛（死于公元前 1046 年）最宠爱的妃子。据说，妲己被狐狸精附体，成了朝廷里拥有邪恶影响力的人，怂恿帝辛走上了腐化堕落之路。为了逗妲己一笑，帝辛残酷地折磨敌人，并征收重税为他们的荒淫无度（包括建造酒池肉林）买单。西边一诸侯国的统治者武王推翻了帝辛的统治，处死了妲己，随后建立了统治中国一直到公元前 256 年的周朝。这些强调商朝末年有多么邪恶的故事是周朝历史学家和作家的作品，传播它们很大程度上是为了证明周朝夺取王位的正当性。

这些中国传说故事传到日本后启发日本人创作出了"狐

妖"（kitsune[7]），朝鲜半岛也诞生了一个类似的形象"九尾妖狐"（kumiho）。跟狐狸精一样，日本狐妖是尾巴可多达九条的狐狸，亦正亦邪。一些叫"善幸"（zenko）的狐妖是善良、聪明的，通常以日本宗教中神使的形象出现，帮忙解决纷争。它们侍奉的是幸福、水稻和繁荣之神——稻荷神（在美索不达米亚神话中，狐狸同样是生育女神宁胡尔萨格的信使）。相比之下，"亚科"（yako）则是邪恶且具有破坏性的，它们把自身的本领用在偷东西和损毁名誉上。日本狐妖拥有各种各样的能力，而且年纪越大，能力越强。它们能飞、喷火、控制天气和预见未来，最著名的能力就是变身成人，不过它们的伪装从来都不完美。出卖它们的有时是狐狸尾巴，或者是仍可见的狐狸耳朵，同时它们的影子或映像可能也会暴露出它们的原形。它们还总带着一种叫"星之球"（Hoshi no tama）的发光球，这种球赋予了它们魔力。日本狐妖在说一些词语时有困难，尤其是说"摩西"（moshi），因此日本人接电话时常常说"摩西、摩西"，这是在向来电者表明电话这头没有隐藏着恶毒的狐狸精。

赤狐的神话呼应了它们在现实世界中展现出的敏捷、多才多艺的特点以及克服障碍的能力。它们历来生活在农村地区，主要以各种小型哺乳动物为食（这意味着它们在控制啮齿目动物的数量方面发挥了关键作用），也吃蛋、果实和鸟类。它们善于攀爬，

---

7 在日语里就是"狐狸"的意思。

并能做到坚持不懈地打洞，因此能进入小农场动物的围栏里，特别能进鸡圈。狐狸常会把多余的食物藏起来，以后再吃，因而众所周知它们有杀死整群猎物的习惯。20 世纪以来，赤狐扩散到了郊区和城区。生活垃圾和废弃物已成为其饮食结构中的关键部分。强大的胃和免疫系统使它们几乎可以吃任何东西，甚至连腐败变质的食物也能吃。在这些环境里生活可能已经改变了它们的生理：城镇里的赤狐口鼻部往往更短、更强，从而更适合打开商品的外包装。尽管赤狐有时被视为讨厌鬼，但是它们展现出动物适应人类在自然界的活动范围日渐扩大这种发展态势的能力。

阿南西

神话中最足智多谋、最机敏的另一个角色是阿南西。它是一只会变身的蜘蛛，诞生于西非，奴隶们将它的故事传播到了加勒比地区和美洲。它被描绘成各种不同的形象，有骗子，有聪明的教师，甚至有的还在创世中发挥了作用。

狮子

·············

法国南部的肖维岩洞里有一些最古老且保存得最好的石器时代的艺术品。这些岩画绘于公元前 3 万年左右，主要描绘的是野生动物，包括熊、猛犸象和鹿。其中最常出现的动物之一是狮子，这表明人类对该物种的迷恋历史悠久，源远流长。

现在几乎所有的野生狮子都生活在撒哈拉以南非洲的热带稀树草原和草地上，但是在 1.2 万年前它们曾遍布非洲、欧亚大陆和美洲各地。随着人口数量的不断增长和狩猎方法的日益精进，人类对狮子本身和它们的食物供应都构成了越来越大的威胁。此外，农业的出现也导致狮子失去了栖息地。因此，狮子于 1 万年前从美洲消失，2000 年前在欧洲就基本绝种了。与此同时，在亚洲的分布范围也在稳步缩小。穿过整片中东一直到印度次大陆，曾经一度到处都有狮子，但现在仅剩下大约 650 头，而且还全部生活在印度西部古吉拉特邦的吉尔国家公园里。

狮子是唯一的大型群居猫科动物，大约 15 头为一群（但是已知的成员数最多可达 40）。一个狮群通常由 2 到 4 头雄狮、5 到 10 头雌狮和它们的幼狮组成。雄狮的体形一般比雌狮大 20% 左右。雌雄的区别在于雄狮有鬃毛，鬃毛的用途可能包括：给潜在配偶留下深刻印象、威慑对手和保护脖子。雌狮是狮群全体成员的核心，它们往往终生都待在同一个狮群里。雄狮则通常在三岁左右离开狮群，四处游荡。几年之后，它们可能会试图加入另一狮群。雄狮还常常跟别的流浪雄狮结盟，强力进入别的狮群，杀死与之对抗的雄狮和幼崽。在这种情形下，雌狮会联合起来，努力保护幼狮。每个狮群都要保卫自己的地盘不受对手的侵犯。地盘面积大小不等，小至 20 平方千米，大到大约 400 平方千米。它们在领地边缘巡逻，留下臭迹以划分边界，还会在晨昏时分发出狮吼。狮子猎食大小不一的各种动物，从啮齿目动物到长颈鹿都吃。它们或独自狩猎，或发动协同攻击。先悄悄地追踪猎物，然后突然猛扑上去，撕开猎物的脖子。猎物一旦被击倒，狮群就会冲上去饱餐一顿。狮子也吃腐尸腐肉和其他动物杀死的猎物的残骸。狮子在这些活动和休息、睡觉、蹲坐之间取得了平衡，每天会花 20 多小时的时间在休息、睡觉和蹲坐上。

被誉为"百兽之王"的狮子是尊严、力量和勇气的全球象征，也和王室、贵族联系在一起，常常出现在旗帜和盾徽上。狮子也是古中东的支配力量之一——巴比伦帝国的象征。自公元 12 世纪后期以来，狮子一直是英国皇家徽章的显著特色，这是因骁勇善战而被通称为"狮王心"的理查一世（1157—1199 年）确立的传统。英国不是唯一一个把狮子用在国家纹章上的国家，捷克共和国、芬兰和斯里兰卡等国的盾徽也以狮子为特征。

在犹太教 – 基督教传统里，狮子扮演了一个重要的角色。它是犹大的象征，犹大是希伯来人的祖先雅各之子，雅各又是犹

太教的创始人亚伯拉罕之孙。犹大支派最终成了以色列[8]十二个支派中最强大、最重要的。犹大支派的成员之一大卫在公元前1000 年左右攻占了耶路撒冷，建立起了统一的以色列王国。公元前 930 年左右，大卫的儿子和继任者所罗门死了，以色列从此就分裂了，并最终被外来强国所征服。据说，所罗门跟希巴女王育有一子。希巴女王是一个带有半神话色彩的统治者，她来到耶路撒冷，拜见了所罗门。根据一些圣传的记载，她来自埃塞俄比亚，跟所罗门生下的儿子名叫"曼涅里克"。埃塞俄比亚帝国建立于 1270 年，其统治者自称是曼涅里克的直系后裔，还把犹

---

8 雅各，又名以色列，他的十二个儿子分别是以色列十二支派的创始人。

大之狮当作他们的象征。1974 年，埃塞俄比亚帝国的末代皇帝海尔·塞拉西一世（1892—1975 年）被独裁军政府推翻。20 世纪 30 年代，牙买加兴起了一场宗教运动，信徒信奉拉斯特法里主义，海尔·塞拉西一世是其中的中心人物，并被视作救世主。出于这个原因，该运动的信徒就采用犹大之狮为他们的核心标志之一。最后，在《启示录》中，一头狮子象征了基督的第二次降临。

尽管狮子备受尊敬，但人类还是剥削和虐待了它们，做得最过分的是古罗马人。古罗马人生活的核心部分是竞技会，它是上层精英为了讨好大众而举办的盛会。古罗马竞技会起源于公元前 242 年举办的一场葬礼仪式。当时，两个儿子为了纪念父亲之死而让奴隶们互斗。这后来发展成为受过训练的角斗士（gladiator 得名于许多角斗士所使用的短剑 gladius）之间的公开格斗表演，其结果通常是但并非总是死亡。公元前 189 年，举办了角斗士与野生动物角斗的第一场比赛，狮子被选中。随着时间的推移，这种赛事发展成为极其复杂、花费巨大、壮观的大型盛会。公元 80 年，一个可容纳 5 万多名观众的巨大的圆形露天竞技场——罗马斗兽场落成，将这项盛会推上了顶峰。斗兽场下面有一系列隧道和地室，里面装有一个由齿轮、滑轮和砝码组成的复杂系统，它能把装有野生动物的笼子吊到角斗场的地面上来。比赛大多以斗兽（venatio）为开场，内容是鸵鸟、犀牛、熊等野生动物互斗，以及与猎人斗。接下来出场的是野兽行刑（damnatio ad bestias）：对罪犯（包括遭受国家迫害的早期基督徒）执行死刑，处死的方法是迫使他们与野生动物搏斗，通常还是手无寸铁的。死刑犯有时会被绑在木桩上。参加的动物，包括狮子在内，经常受虐待和挨饿，这样它们就会更加凶残和嗜血。这种"娱乐节目"的压轴戏也是它的重头戏，就是角斗士之间的格斗。公元380年，基督教成了罗马帝国的国教，基督徒批判角斗士格斗，于是就加速了角斗士格斗的衰落，但是角斗士与野生动物之间，以及野生动物们之间的公开格斗表演一直流行到公元7世纪末。

现在，生活在野外的狮子不超过 2.5 万头。它们面临的难题有：人类以农场和牧场的形式对其领地的蚕食、偷猎和其他物种传给它们的疾病。然而，保护工作和保护区的创建有望确保它们得以长期存活下来。

察沃食人狮

狮子通常躲着人，一般还怕人，但攻击人类的行为也时有发生。单个狮子或个别狮群有时会养成吃人的习惯。1898 年，肯尼亚的察沃发生了一起狮子食人事件。当时，一对狮子攻击修建铁路桥工人的营地，杀死了 30 多人。修建工作因此陷入停顿，直到这两头狮子被杀后，才得以重启。

蛇

·········

在神话里，蛇具有双重地位：可以象征邪恶和欺骗，但也能代表创造和治愈。不管人们如何看蛇，不可否认的是，它们长期以来一直都令人着迷。

除了南极洲、格陵兰岛、冰岛、爱尔兰、夏威夷和新西兰以外，地球上的其他每个角落都能找到蛇。一共有超过 3400 种蛇，其中有大约 60 种生活在海里。蛇全都是掠食者，全都能把猎物完整地吞进肚里。有些蛇的嘴巴能够张得很大，大到足以吞下比自己的头大两倍的动物。大蟒蛇就是如此，它们盘绕在猎物身上，使猎物窒息而死。蛇拥有分岔的舌头，能嗅出周围环境里的各种气味，这有助于它们猎食。一些蛇的眼睛的前面有一个被称为"颊窝"的小坑，能感知猎物的体温。蛇的下颚上也有一些骨头，能接收到动物活动所引发的地面震动。响尾蛇的尾巴末梢有多层变硬的表皮，迅速摆动时能发出一种独特的响声，从而警告其他动物不要靠近。

大约有五分之一的蛇能分泌毒液，蛇毒能麻痹猎物或潜在威胁者。毒性最强的是澳大利亚的内陆太攀蛇，其蛇毒能导致瘫痪、肌肉损伤和大出血。一些蛇，尤其是许多种眼镜蛇，吐毒液的目的是弄瞎目标动物。有人认为，人类对蛇和蛛形纲动物的恐惧是与生俱来的，这是一种进化机制，源于被它们咬伤的危险。只有 200 种左右的蛇能杀死或重伤人类，而且因为它们是害羞的喜欢独处的动物，所以只有在被打扰时才会攻击人。蛇还具有其他一些特质，使它们成为人们尊崇敬畏的对象。为了留出成长空间和抑制寄生虫，于是蛇就频繁地蜕皮，因此它们常象征永生和重生。此外，蛇的眼睛没有眼睑，眼睛上覆盖着一层透明的表皮，导致蛇的凝视是不眨眼的，使人联想到智慧和全知。

在犹太教 - 基督教传统里，蛇尤其遭到了谩骂。产生这种现象的根源是在《创世记》中有条会说话的蛇诱使夏娃偷吃了善恶树上的禁果。此举违背了上帝旨意，导致了"人类的堕落"，亚当和夏娃也被逐出了伊甸园。巨蛇因在该事件中扮演的角色而被上帝诅咒，从此只能在地上爬行，而且还成为人类极其厌恶的对象。这种对蛇的敌意并不为其他许多宗教和文化所共享，他们对蛇的看法普遍较为正面，甚至把蛇放在他们创世故事的中心位置。

中美洲宗教的一个普遍特色是"羽蛇神"。在阿兹特克人的神话里，他被称为"魁札尔科亚特尔"（Quetzalcoatl），是风和知识之神，也是和谐和平衡之力。他在创世过程中发挥了核心作用。就在我们现在的这个世界（阿兹特克人认为这是存在过的第五个世界）被创造出来之前，发生了一场大洪水。这片水域是一个名叫"特拉尔泰库特利"（Tlaltecuhtli）的可怕海怪的家。魁札尔科亚特尔与他的兄弟兼前对头——特斯卡特利波卡（Tezcatlipoca）合作，联手打败了特拉尔泰库特利。兄弟俩都化身为巨蛇，杀死了特拉尔泰库特利，并把他的尸体撕成两半，一半变成了天空和星星，另一半则变成了陆地。随后，魁札尔科亚特尔前往冥界，收集活在上个世界的人们的骨头，从而创造出现在的人类。接着，他找到了一座里面满是玉米、种子和谷物的"食物山"，又安排另一位神把山劈开，这样人们就有食物可吃了。最后，魁札尔科亚特尔帮助人们培育出龙舌兰这种植物，用它来制作烈酒布尔盖，给人类带来了欢乐。蛇也出现在中国的创世神话中：人类的起源可以追溯到伏羲和女娲，他们是一对人头蛇身的兄妹，用黏土造出了第一批人类，两人还一起教人学习烹饪、打猎、捕鱼和书写。

尽管蛇拥有偶尔分泌毒液的天性，但还是被经常赋予了恢复和保护的本领。阿斯克勒庇俄斯之仗（the Rod of Asclepius）是一根有一条巨蛇盘绕其上的权杖，原本属于古希腊医神，现已成为医学和医生的全球象征。别的传统更是超越了意象，更直接地使用了蛇。美国西南部的一个原住民部落——霍皮人在他们最重要、历史最悠久的仪式之一中使用了蛇。8月末，他们会表演"蛇舞"，举办该仪式是为了感谢神灵给地球带来丰收和好运。他们把从四方收集来的蛇放在地下礼堂里，将它们泡在用丝兰根制成的浓肥皂水里，这样它们就得到了净化，接着再把它们放在一个由树枝搭建的建筑物里。过了至少9天后，仪式中唯一一个民众能观看的部分上演了：参与者一边从地下礼堂走出来，一边与蛇共舞，蛇被他们叼在嘴里，缠绕在他们的脖子和身体上。蛇后来会被放生，这传递的信息是霍皮人与自然和谐共处。在美国别的地方，出现了一个比它更新的在宗教礼拜中使用蛇的习俗。在阿巴拉契亚的乡村，少数新教教堂开始"摸蛇"（snake handling）：牧师和教徒们触摸并传递毒蛇（有时也会喝下毒液）。该行为是建立在对《圣经·新约》做字面意义上的解读的基础上的，因为书中耶稣告诉他的门徒们，他已经赐予他们拿起或踩踏蛇却不会受到伤害的能力。那些参与者十分清楚其中蕴含的致命风险，但他们相信这种举动显示自己服从了上帝的旨意，且对上帝是有信心的。尽管摸蛇在一些州被定为非法，并造成了数人死亡，但仍有 100 多座教堂继续在这么做。这展现出蛇的吸引力到底能有多强大。

鸽子

鸽子（dove），尤其是白鸽，数千年来一直是温柔、和平、爱和神性的象征。另外还有一种鸽子（pigeon），它受尊崇的程度普遍远不及前者。两者都是鸠鸽科的成员，该科囊括了 344 种鸟类。这两种鸽子之间的差异并不十分清晰。虽然在讲英语的世界里，前一种鸽子一般指鸠鸽科中较小的成员，但是关于如何使用这两个专有名词，还存在着大量的变化和不一致。其实，两者在某种程度上是否能够互换是由上下文所决定的。例如，普通鸽子（common pigeon）只不过是原鸽（rock dove）被驯化后的野生版本。

鸽子和爱情之间的联系可以追溯到古代世界，可能是源于人们相信两只鸽子一旦交配就成了终生伴侣（通过观察野外的鸽子可知，鸽子维持生育伙伴关系的时间可能的确比其他鸟类要长得多）。鸽子是苏美尔女神伊南娜的象征之一。伊南娜是天堂女王，是爱情、生育、性、战争的守护神，后来在整个美索不达米亚地区被称作"伊什塔尔"而广受尊崇。现在，在供奉她的神殿里发现了一些鸽子雕像，其中最古老的可追溯到公元前4500年。鸽子不但跟古希腊的爱神阿芙洛狄忒有关系，而且还和她的罗马对应神——维纳斯联系在一起，据说为维纳斯拉战车的就是鸽子。

斑鸠（turtle dove）特别强烈地象征着爱意和友谊。斑鸠的英文名中虽然包含"龟"（turtle）字，但它跟爬行动物一点关系都没有，而是源于斑鸠的拉丁文名（turtur），该名模拟了斑鸠"图尔 - 图尔"（turr-turr）的独特叫声。威廉·莎士比亚（1564—1616年）在其戏剧和诗歌中几次提及斑鸠，将它们作为挚爱的象征（常常仅称它们为"turtle"）。欧斑鸠是候鸟，在撒哈拉以南非洲过冬。这意味着它们飞回欧洲预示着春回大地、百花欲放。此外，因为《圣诞节的十二天》这首歌中提到了斑鸠，所以一对斑鸠就成了常见的节日装饰物。

鸽子在基督教象征主义中扮演了核心角色。起源可追溯到《创世记》。上帝降下大洪水以清洗世界上的罪孽，并提前警告了唯一正直的人——诺亚。诺亚为自己及家人、"洁净"动物各七对雌雄、"不洁"动物各一对雌雄建造了一艘方舟。暴雨连续下了 40 个昼夜，淹没了整个地球，但是诺亚方舟却安全地漂浮在水面上。150 天后，洪水开始退去。诺亚派一只渡鸦（raven）出去搜寻干燥的陆地，后来又放了一只鸽子出去。起初，鸽子找不到可以降落的地方，于是只好飞回了方舟。诺亚等了一星期后，再次放出鸽子。这次鸽子衔着一片橄榄叶飞了回来，这表明洪水已退去。上帝与人类和解，世界现在已经为诺亚及其家人和被他拯救的动物的回归做好了准备。鸽子还代表着圣灵，圣灵是三位一体的第三部分。根据《马太福音》的记载，当施洗约翰在约旦河中为耶稣基督施行洗礼的时候，圣灵化作一只鸽子，降落在耶稣身上，表明他是上帝之子。这样一来，鸽子和橄榄枝就常常出现在早期基督教教会成员的墓碑上，而且是基督教艺术作品中一个常见且永恒的特征。

鹈鹕

除鸽子外，频繁出现在基督教意象中的另一种鸟是鹈鹕。这源于一个错误认知：如果食物不足，鹈鹕妈妈就会啄破自己的乳房，用自己的血哺育幼鸟。这种自我牺牲就将鹈鹕与为人类的罪孽而死的基督联系起来了。

鸽子在基督教里代表通过洗礼所获得的心灵平静，由此发展成一个几乎全世界通用的标志，它象征反战主义以及国与国之间和平共处。本着这种精神，当1896年雅典重开奥运会的时候，人们就仪式化地放飞白色的"和平鸽"（同时参考了古代奥运会放飞信鸽以传播比赛获胜的消息的做法）。这个仪式一直持续到1988年的汉城奥运会。当年，就在圣火台被点燃之前，几只倒霉的鸽子栖息其上，于是后来就葬身火海了。1992年巴塞罗那奥运会，在圣火台点火仪式之前，早早地就将鸽子放飞。但是，从此以后，奥运会就再没用过活鸟。

放飞鸽子因而成了会议和政治集会中稀松平常的事。最著名的发生在1959年1月8日古巴社会主义领袖菲德尔·卡斯特罗（1926—2016年）在哈瓦那发表讲话的时候。前律师卡斯特罗反对富尔亨西奥·巴蒂斯塔（1901—1973年）上校领导的美国支持的军政府。卡斯特罗因暴动起义而被捕入狱，随后于1955年流亡到了墨西哥，次年领导一支革命军返回古巴，打了一场游击战，导致巴蒂斯塔政权于1959年的元旦垮台。因此，一周后卡斯特罗对哈瓦那民众发表演讲，一部分是宣告胜利，一部分是为了确保一个稳定、和平的未来。仍然身着军装的卡斯特罗请求全体古巴人民团结起来，支持他对于国家的构想，革命却和平地进行改革。就在他的演讲接近尾声的时候，白鸽被放飞了。一只白鸽落在他的肩头，另外两只停在演讲台上，这幕场景一直持续到他结束发言。他保证不再使用武力，而只遵照人民的意志进行统治。白鸽舒服自在地停在卡斯特罗身上，这是一幅极具视觉冲击力的画面，对加强民众对他的支持起到了很大作用。后来，卡斯特罗的敌人指控他造假，认为他用磁铁用某种方法训练或迫使鸽子停在自己身上，但却拿不出权威可靠的证据来证实这些怀疑。卡斯特罗成功地建立起了一个一党制的共产主义国家社会。从此以后，古巴共和国尽管遭到美国几乎持续不断的制裁，但依然坚持了下来，甚至在卡斯特罗于 2011 年不再担任领导职务之后，还继续存在着。

蝙蝠

....

　　一共有超过 1200 种蝙蝠，它们是唯一能够真正飞翔的哺乳动物。总的来说，它们是一种夜间出没的动物。白天栖息，集群的数量有时会高达数百万，夜晚出来觅食。它们凭借回声定位来确定方向：发出短而高频的声波脉冲，然后通过听回声确定物体位置和地形特征。它们的听力极佳，耳朵帮了大忙。蝙蝠的耳朵超大，有些呈漏斗状。蝙蝠绝对不瞎，许多种蝙蝠的视力甚至强过人类。

　　跟蝙蝠有关的神话大多与一个事实联系在一起：它们既有鸟类的特性，又有哺乳动物的。古希腊《伊索寓言》中有一则寓言记载，蝙蝠从一只以鸟、鼠为食的鼬的魔爪下逃了出来，靠的就是声称自己既非鸟又非鼠（其实，蝙蝠跟灵长目动物的关系比跟啮齿目动物近）。在另一则寓言中，鸟类和陆生动物起了冲突，哪边占优势，蝙蝠就加入哪边。和平来临，两边都拒绝接纳蝙蝠，蝙蝠还被判刑，只能在夜晚出来。在美国原住民的神话里，蝙蝠的起源同样跟鸟类和陆生动物的一场竞技球赛有关。蝙蝠当时还是没有翅膀的小生物，它想加入陆生动物这一队，却被拒绝了，于是鹰就给了它翅膀，让它可以加入鸟队（在另一个版本中，情节是相反的，蝙蝠被鸟类拒绝了，于是陆生动物给了它牙齿）。

因为蝙蝠是夜行性动物，所以常象征死亡和黑暗。它们既是有翅动物，又是哺乳动物，这种二重性使很多人将它们与怪异、神秘联系在一起。蝙蝠还常跟冥界有关（例如，在汤加神话中，蝙蝠与亡灵有关）。正因如此，蝙蝠常常与万圣节联结在一起，也跟凯尔特人的萨温节有关。萨温节与万圣节同时，它是收获季节结束的标志。最著名的是，蝙蝠成了吸血鬼传说的核心部分，吸血鬼是以血为食的虽死犹生的超自然生物，二者之间的联系相对较新。虽然欧洲有一些传统观念认为，蝙蝠是恶魔的信使，还是供女巫使唤的妖精，但其实是直到18、19世纪蝙蝠和吸血鬼之间的联系才变得常见起来的。这很大程度上要归功于爱尔兰作家布莱姆·斯托克（1847—1912年）的著作。在他那本著名的哥特恐怖小说《德古拉》（1897年）中，与小说同名的主角能变身为蝙蝠。

饱食鲜血和蝙蝠之间的联系并非完全谬误，其中也有些道

理——有三种蝙蝠的确是吸血动物。吸血蝙蝠（英文名 vampire bat，得名于民间传说中的吸血鬼 vampire）全都是拉丁美洲的土生动物。它们用锋利的门齿去咬睡着的哺乳动物，其唾液里含有一种强抗凝血剂，可以阻止血液凝结，这使它们得以尽情地舔食。因为吸血蝙蝠咬得不深，所以在长达 30 分钟的吸血过程中猎物都不会醒来。它们很少吸人类的血，但是它们的咬伤为寄生虫提供了产卵场所，而且它们有时还会传播狂犬病之类的疾病。

中美洲是指从墨西哥中部一直延伸到哥斯达黎加北部的地区。在那里，蝙蝠常常跟死亡、献祭和破坏相关。这也许反映出当地人有跟吸血蝙蝠生活在一起的一手经验，以及它们吸食人血的事件时有发生。在中美洲的艺术作品中，蝙蝠被描绘成拥有人类骨骼的样子，口鼻有时还呈祭刀状。玛雅文明是一种古老的中美洲文明，发端于今危地马拉、伯利兹北部和墨西哥南部。玛雅神话里有一个叫"卡玛佐兹"（意为"死亡蝙蝠"）的神，他居住在洞穴里，喝人血。基切人是玛雅人的一支，在基切人创作的史诗神话集《波波尔·乌》中，书中的主角怪物蝙蝠的名字也叫"卡玛佐兹"。另外两个主角是"孪生英雄"——乌纳普和伊克斯布兰卡，两人前往希泊巴（玛雅冥府），与死神交战。旅途中，他们经历了许多考验，包括在蝙蝠之家过了一夜。为了躲避卡玛佐兹的攻击，他们缩小，钻进自己的吹矢枪里。但灾难还是降临了，乌纳普从枪里将头探了出来，就被斩首了。幸运的是，伊克斯布兰卡用南瓜给乌纳普做了一颗新头。他俩并肩作战，终于打败了冥界的领主们。最后，乌纳普和伊克斯布兰卡分别变成了月亮和太阳，他们的故事象征光明战胜了黑暗。即便如此，卡玛佐兹依然是令人敬畏的。玛雅人每年播种玉米的时间都选在他下到希泊巴的时候，这样他才不会来捣乱。

人们对蝙蝠的看法并不总是负面的。古埃及人认为蝙蝠能预防视力差、牙痛、发烧甚至秃头这类小病。在波兰，蝙蝠是幸运的象征。在中国，蝙蝠的寓意是最正面的：它们跟幸福、幸运联系在一起，五只蝙蝠象征"五福"——好德、长寿、富贵、康宁、善终这五种幸福。这种对蝙蝠的正面看法跟它们给人类带来的许多益处是相互呼应的。因为绝大部分蝙蝠都吃昆虫，所以它们在控制昆虫数量方面扮演了极其重要的角色，尤其是对于像蚊子这样的物种。此外，在许多植物的繁殖过程中，例如香蕉和龙舌兰（酿龙舌兰酒的原料），吃花粉和花蜜的蝙蝠是必不可少的。最后，蝙蝠粪是极佳的肥料。因此，蝙蝠不应该被看成是黑暗的一个可怕象征，而值得被看作是一种足智多谋、不可思议的动物。

美洲豹

················

美洲豹是新大陆现存最大的猫科动物，现在生活在中美洲和南美洲的偏远地区，但它们的分布范围曾经从巴塔哥尼亚一直延伸到美国西南部。美洲豹是顶级掠食者，其饮食结构至少由85个别的物种构成（包括犰狳、鳄鱼、鱼和鸟）。它们是独居生物，主要在夜间捕猎，先悄悄跟踪，然后通常从上面跳下来，伏击猎物。其他大型猫科动物以猎物的喉部和下腹部为攻击目标，美洲豹则不然，它们咬穿猎物的头骨，通过刺穿大脑来杀死猎物。它们咬一口的力量强大到甚至能穿透龟壳。美洲豹也是游泳健将，甚至被观察到横渡巴拿马运河。目前，美洲豹面临偷猎的威胁，偷猎者是为了获得那身与众不同的布满斑点的豹皮。对现存1.5万头美洲豹而言，一个更严重的威胁是栖息地的丧失，这是由人们为了伐木业、农牧业而毁林引起的。然而，在前哥伦布时期的许多美洲文化里，尤其是在中美洲文化中，美洲豹曾经代表实力和权力，备受崇拜和敬重。

中美洲最古老的重要文明是奥尔梅克文明，它诞生于今墨西哥南部，时间不迟于公元前1200年。奥尔梅克人兴建了几座城市，形成了一套书写系统，并创制出一套复杂的历法。他们也许还推广了中美洲蹴球这项运动。比赛场上，球员运着一颗实心的橡皮球，目标是把球投过一个石圈。该比赛具有仪式性的一面，因为球象征天上移动的太阳。当比赛是作为礼仪性事件的一部分而加以表演的时候，参与者们全都身穿精心制作的服装，包括像美洲豹豹头的头盔。奥尔梅克人极其敬重美洲豹，相信它们能穿越到灵界。这是因为无论是白天，还是晚上，无论是在陆地上，还是在水中，美洲豹都能狩猎。奥尔梅克的统治者们强调他们跟美洲豹的联系，是为了试图证明其统治地位的正当性。他们宣称自己是美洲豹和人结合后孕育出的生物的直系后裔。在奥尔梅克艺术品中，具有美洲豹和人类混合特征的人物雕像、雕刻很常见。被称为"美洲豹人"的他们长着圆圆的娃娃脸、向下撇的嘴巴、丰唇、犬牙和杏眼。在公元前 400 年之后，奥尔梅克文明走向衰落，原因可能是环境变化降低了农业生产力。

奥尔梅克文化和宗教深深影响了其他的中美洲文化，包括产生于今墨西哥南部、危地马拉和伯利兹北部的玛雅文化。从公元 3 世纪到 10 世纪这段时间里，一共有 40 多座玛雅城市，这些城市的特色是大广场、金字塔、宫殿和神殿。统治这些城市的是互相对抗的国王，都自称是半神。为了展现自己的统治权力和权利，他们经常穿美洲豹皮衣服，戴着美洲豹牙项链，而且他们的王座上还有美洲豹雕刻。玛雅人施行人祭，以取悦、安抚众神（有几位神是美洲豹的形象），还把美洲豹也当作祭品。当时可能还有买卖美洲豹的长途贸易，这是给玛雅国王们供应美洲豹。在大约公元 900 年之后，玛雅城市大多被遗弃了。原因不明，人们设想过的有战争、人口过剩、过度使用土地。大部分玛雅人住到村里去了，于是他们的大城市就渐渐重新变回雨林。

中美洲最后一个繁荣兴盛的本土文明是阿兹特克文明。公元 1250 年左右，墨西卡人（Mexica）从今墨西哥北部迁徙到中部，创建了阿兹特克帝国。14 世纪中叶，他们在特斯科科湖中的一座沼泽岛上建立了一个叫"特诺奇蒂特兰"的定居点。在接下来的 150 年里，特诺奇蒂特兰发展成为一个人口超过 20 万的大城市。城市里坐落着几十幢高大建筑物，城市布局呈网格状，有三条与内地相连的大堤道。同时，阿兹特克国王与两个邻邦结成了三方联盟。阿兹特克领导该联盟发起了一系列征服战，使它们成为地区的支配力量。美洲豹对阿兹特克和对中美洲的早期文化一样重要。泰兹卡特里波卡是阿兹特克的主神之一，他的名字与美洲豹同义，还时常以美洲豹的模样出现。阿兹特克人组建了一支强大的军队。作战英勇并俘获敌人的士兵被赋予很高的地位，成为"美洲豹勇士"。这是一个军人阶层，其成员都是全职士兵。他们所穿的军服令人联想到美洲豹，这是希望战士们充满美洲豹的战斗精神（还有一个类似的阶层，叫"雄鹰勇士"）。

西班牙征服者埃尔南·科尔特斯（1485—1547 年）亲手摧毁了阿兹特克帝国的势力和荣光。他于 1519 年抵达今墨西哥。他和他的手下被允许进入特诺奇蒂特兰，并受到了有所保留的热情友好的欢迎。后来，他们和阿兹特克人之间的关系变得紧张起来，于次年被驱逐出城。科尔特斯并未就此罢休，于 1521 年 5

月回来纠集当地盟友一起围攻特诺奇蒂特兰城。当地的原住民对西方疾病没有免疫力，因此到这时流行病爆发了。流行病肆虐，再加上有西班牙骑兵、火器、钢铁武器和钢铁盔甲的帮助，科尔特斯赢得了胜利。8 月 13 日，特诺奇蒂特兰城被攻克，这标志着阿兹特克帝国的终结，预示西班牙对其进行殖民统治的开端，西班牙殖民统治最终扩展到了整个中美洲。

4

科学、卫生与医疗

跳蚤

....

　　尽管跳蚤只有大约 2.5 毫米长，但是它竟然是人类历史上三次最严重的大流行病的元凶。跳蚤是无翅寄生昆虫，吸食哺乳动物和鸟类的血液，进而引发炎症和瘙痒。因为它们没有翅膀，所以进化出强有力的腿，使它们能跳过相当于身长 200 多倍的距离。这意味着，它们可以从一个宿主跳到另一个宿主身上。与此同时，腿上向后突出的勾刺使其能牢牢固定在毛发、毛皮和羽毛上。跳蚤的种和亚种的数量超过 3000，但大约只有 12 种经常吸食人血。这样一来，它们充当了感染和疾病的传播媒介。例如，猫跳蚤能把绦虫和一种斑疹伤寒传给人类。最致命的是东方鼠蚤，它通常寄生在啮齿目动物身上，但能轻易传到任何哺乳动物身上。它因携带一种会引发瘟疫的被称为"鼠疫杆菌"（Yersinia pestis）的细菌而臭名昭著。

　　鼠疫杆菌在跳蚤咽喉通往肠子的瓣膜上形成菌落，这使跳蚤难以吞血。染上此菌的跳蚤不会死，而是变得更加饥饿，于是就要吸更多的血。就在它们努力吸血的时候，一些脱落的鼠疫杆菌进入正在被吸血的动物体内，感染它们。此后，1 天到 1 周之内，鼠疫症状就会出现，例如头痛、恶心、发烧和腹泻。这能发展成 3 种类型的鼠疫。主要的一种是腺鼠疫，英文名是 bubonic plague，因腹股沟淋巴结炎 bubo 而得名，症状表现为腋窝、腹股沟和颈部周围的淋巴结疼痛、肿大，病死率高达 40% 到 60%。如果感染转移到肺部，就会引发第二型，即肺鼠疫。如果转移到血液，就会发展为败血症型鼠疫。后两种鼠疫可以通过飞沫、痰和血液传播，而且如果不加以治疗，通常是致命的。

到了 5 世纪晚期，西罗马帝国被外来入侵打得四分五裂，在东方则以拜占庭帝国的形式继续存在着。拜占庭皇帝们认为自己是罗马帝国衣钵的直系继承人。最接近于复兴罗马帝国的是于 527 年即位的查士丁尼一世（公元 485—565 年）。在他的统治下，东罗马帝国从汪达尔人手中收复北非，从东哥特人手中收回意大利和达尔马提亚，从西哥特人手中夺回西班牙南部。瘟疫削弱了查士丁尼一世的成就。541 年，鼠疫在埃及暴发，次年就由运谷物的船只传到了君士坦丁堡，随后又通过航线传遍整个地中海地区。第一轮暴发造成 2500 万人死亡，在流行病结束之前，即 750 年左右，又死了差不多同样多的人。这场瘟疫暴发严重削弱了拜占庭的实力。在查士丁尼一世死后一个世纪内，帝国失去了大部分他所征服的土地。

第二次鼠疫大流行则更为严重。公元 14 世纪 30 年代，它发端于中亚或东亚，沿着陆上贸易线传到中东。到 1347 年的时候，一共已造成数百万人死亡。那年，感染鼠疫杆菌的跳蚤、老鼠和人从克里米亚半岛搭乘贸易商船抵达西西里岛。在接下来的 5 年里，鼠疫扩散到欧洲和北非的各地。鼠疫即"黑死病"（Black Death）一共夺走了至少 7500 万人的性命，在一些地区，尤其是在一些高度城市化的地区，死亡率超过了80%。当时的人们并未意识到跳蚤在传播瘟疫的过程中所扮演的角色。有些人反而指责"坏气"，认为它传播有毒蒸气，试图通过烧香、花、木头来对抗感染。人们还会服用泻药，并自愿接受放血疗法。这些都不见疗效。在基督教世界里，瘟疫被视为神对罪孽的惩罚。于是，"鞭挞派"教徒们开始公开鞭笞自己的身体，希望能够平息上帝的愤怒。其他人的反应则是寻找替罪羊，暴力攻击外来者团体。犹太人是排犹袭击的焦点，这类袭击往往得到了当地统治者的默许或鼓励。抗击此类疾病唯一真正有效的方法就是隔离，"隔离"的英文名 quarantine 得名于当时威尼斯人隔离来访船只的期限——40天[9]。

虽然黑死病结束于1353年，但鼠疫在许多地区依然普遍存在着，而且还会周期性地局部暴发（例如，出现在1665—1666年间的伦敦和1720年的马赛），造成数千人死亡。对幸存者而言，有一些好处，他们能因劳动力短缺而要求更高的工资和更好的工作条件。在西欧，黑死病帮助终结了封建主义，使农民不再被束缚在土地上，不再有义务从事劳动，也不用给领主缴税。在东欧，人口一般较为稀少，受鼠疫影响较小，于是贵族就加强了对农民的控制，因此农奴制在东欧一直持续到18、19世纪。

幸运的是，科学和医学的进步使人们对疾病的传播过程有

---

9 意大利语quarantena giorni，意指40天时间。

了更好的理解，也更懂得如何治疗疾病。到了 19 世纪 90 年代，人们普遍接受了"病菌理论"，明白了传播疾病的是微小的"病原体"。1894 年，瑞士裔的法国医生亚历山大·耶尔森（1863—1943 年）发现了引发鼠疫的病菌，于是他的姓（Yersin）就被用来给该菌（Yersinia pestis）命名。4 年后，法国生物学家保尔 - 路易·西蒙德（1858—1947 年）又确定是跳蚤传播了鼠疫。这使各国政府能够更好地控制疫情，并导致了鼠疫疫苗的发明。到了 20 世纪 20 年代，大规模暴发停止了，但直到 1960 年，大流行才被宣告结束。现在有一些地方仍然偶尔会暴发鼠疫，但可以用抗生素加以治疗。这意味着，跳蚤对公共卫生应该再也不会构成如此严重的威胁了。

水蛭

古希腊医生相信"体液说"——四种体液（血液、黏液、黄胆、黑胆）决定一个人的健康状况和性格特点。必须保持它们之间的平衡，因为如果有一种体液过量或不足，人就会生病。盖伦（公元 129—201 年）欣然接受了这种观念，他是一名希腊的内科兼外科医生，出生于当时是罗马帝国一部分的安纳托利亚。他的许多著作被翻译成阿拉伯文，使其理论在伊斯兰世界得以普及。公元 11 世纪，人们将盖伦全集翻译成拉丁文，重新引入西欧。它们成了标准医学教材，一直延用到 16 世纪中叶。根据体液理论，血液过多是一个重大的健康隐患，会造成头痛、发烧、中风等各种健康问题。通过"清泻"可以消除这个隐患，于是就给病人服用一些物质，引发呕吐、排尿或腹泻，或者对病人施行"放血术"（bloodletting）。一种流行的放血方法就是把水蛭放在皮肤上。

水蛭是一种环节动物，主要生活在淡水里。在超过 650 种的水蛭中，有四分之三左右是寄生动物，吸食其他动物的血液；其余的则是掠食者，吃小型无脊椎动物。寄生水蛭通常有三组下颚，上面长满几十颗锋利的牙齿，它们用这些牙齿咬宿主。为了在吸血时能牢牢咬住，寄生水蛭的尾部还有一个吸盘，使其附着在宿主身上。它们唾液里所含有的物质能麻醉伤口附近的区域，可以扩张血管以加快血流速度，还能防止血凝。当水蛭吸饱（它的吸食量有时会是体重的 10 倍）以后，它就会离开宿主，并可以长达 1 年都无须再进食。宿主常常甚至意识不到自己已经被吸血了。最小的水蛭长约 5 毫米。最大的是巨型亚马孙水蛭，长度可达 45 厘米，宽度可达 10 厘米。最常用于放血的是欧洲医蛭，长约 20 厘米。

自古以来，水蛭一直都被用于医疗。埃及人认为它们能治疗肠胃气胀，而罗马作家、博物学家老普林尼（公元 23 或 24—79年）推荐使用它们以抑制静脉炎和痔疮。人们普遍相信的体液说鼓励中世纪的医生们使用水蛭治疗包括泌尿系统的问题、炎症、眼疾在内的众多疾病。即使在体液理论体系于 16 世纪中叶遭到挑战并被证明不准确之后，医生们仍然经常嘱咐用放血疗法，这意味着水蛭活体疗法还是一种常见的疗法。水蛭的应用在 19 世纪中期达到了顶峰，这很大程度上要归功于一名前军医——法国人弗朗索瓦 - 约瑟夫 - 维克多·布鲁萨斯（1772—1838 年）。他认为，所有疾病都始于胃肠道不适，由此再扩散到身体的其他部位。根据布鲁萨斯的说法，恢复健康的最好方法之一就是温和放血。正因如此，他更倾向于用水蛭咬开放血口，因为水蛭吸血的动作较轻柔。据说，他曾经把 90 条水蛭附在一个病人身上。布鲁萨斯的理念变得极其流行，这使得水蛭的需求量激增。

水蛭历来是由“gardeners”（园丁）收集的。他们光着腿到池塘里蹚水，把吸附在自己身上的水蛭储存在装满雨水的罐子里，出售它们。后来，靠这种方法收集到的水蛭数量不足以满足新兴的“水蛭热”的需求。取而代之的方法是，在老马身上割开几道伤口，然后将其赶入水蛭池塘。后来，人们挖池塘，在里面装满水蛭，从而建起了“水蛭农场”。非自然环境和过度拥挤使这些人工养殖的水蛭常常生病。实际上，许多病人和医生都会要求使用野生水蛭，认为野生的品质更优。在美国，对水蛭的需求量也很大，虽然有许多本土品种，但是人们更喜欢选用从欧洲进口的。需求量变得如此巨大，以致欧洲医蛭濒临灭绝。现在它们的数量很小，分布得也很稀疏。到了 19 世纪下半叶，随着人们对疾病开始有了更好的理解，医生们也在质疑放血的好处，于是这种疗法就衰落了。

自 20 世纪 70 年代以来，医用水蛭有过一次复苏，即"水蛭疗法"（hirudotherapy）。它用在整形外科手术之后，特别有效。水蛭唾液里的物质能改善血液循环不佳部位的血流情况（例如，如果要重新接上一个指趾或移植皮肤），使小血管连接起来并愈合。水蛭释放的天然抗凝血剂也能促进血液流动，帮助预防炎症和组织变干。使用水蛭的好处在于它们结束吸血后其抗凝血剂的功效还能持续 10 个小时。曾经一条水蛭会给多个病人使用，但是现在为了防止感染，水蛭在给一个病人用了之后，就会被人道毁灭（humanely destroy）。使用水蛭可能还有助于缓解由关节炎所引起的炎症、疼痛和僵硬。现在，人们在实验室里"养殖"水蛭，并用冷藏容器运送它们。虽然水蛭的使用现状和 19 世纪鼎盛时期的相比是相形见绌的，但是它们继续在治愈疾病方面发挥着自己的作用。

渡渡鸟

印度洋中距离非洲大陆海岸 1900 多千米的地方，有一座珊瑚礁环绕的热带岛屿，它就是毛里求斯。它形成于 800 多万年前，是水下火山活动的产物。由于它与世隔绝，所以进化出了独特的植物群和动物群，这些动植物生长在覆盖岛上大部分地区的雨林中。公元 10 世纪，第一批登岛者是阿拉伯和马来的航海探险家。1507 年，葡萄牙人随后上了岛。1598 年，荷兰人也登上了该岛，并用他们的国家领袖"拿骚的莫里斯"（Maurice of Nassau，1567—1625 年）的名字将该岛命名为"毛里求斯"（Mauritius）。40 年后，荷兰人在岛上建起了一个聚居区，这是毛里求斯的第一个人类永久定居点。此举对岛上的野生生物将造成灾难性的影响，首当其冲的就是一种名叫"渡渡鸟"的不会飞的鸟。

渡渡鸟的老祖宗飞到毛里求斯后，就定居了下来。基因证据表明，它现存最近的近亲是尼柯巴鸠。这种鸟生活在东南亚和西太平洋的岛屿上，因此渡渡鸟很可能源自这个地区。因为渡渡鸟在毛里求斯没有天敌，所以它能够长得越来越大，长到约 1 米高，而且飞翔的能力变得不再必要。岛上没有动物吃它们的蛋，因此渡渡鸟只要把蛋下在地上就完事了。最近，通过研究渡渡鸟的遗骸可知，它们能够非常快速地沿着地面移动。它们很可能展开了双翅，以帮助自己保持平衡（在求偶表演时，也会用到翅膀）。对渡渡鸟头骨的扫描也显示，它们的嗅球变大了，这使它们能嗅出很可能是其主食的果实。这样一来，渡渡鸟变得极其适应毛里求斯的环境。数千年里，火山活动、气候转变、干旱、野火对该岛都产生了巨大的影响，渡渡鸟在经历了这些后依然存续了下来。然而，它们将无法从与人类的接触中幸存下来。

在抵达毛里求斯的荷兰移民和水手看来，渡渡鸟很稀奇。他们制作了有关渡渡鸟的素描画和版画，一些渡渡鸟标本很可能也

被运回了欧洲。渡渡鸟是宝贵的新鲜肉类的来源，因为在远洋航行后，人们非常渴望吃鲜肉。虽然渡渡鸟确实被人猎食（而且还会是容易得手的猎物，因为它不怕人），但这并不是它数量减少的主因。毛里求斯早期荷兰定居点的考古证据显示，人们主要吃家畜。说得确切一点，导致渡渡鸟数量下降的主要原因是荷兰人引入了猫、狗、山羊、鹿、猴子、老鼠和猪之类的新物种。这些新物种除了与渡渡鸟争夺食物，还吃它的蛋和幼鸟。此外，伐木业还剥夺了渡渡鸟的栖息地。人们最后一次看见活的渡渡鸟是在1662年，到了17世纪末，它就灭绝了。别的物种紧随其后，也走向了灭亡，比如18世纪早期消失的穹顶毛里求斯巨龟。在被彻底消灭之后，渡渡鸟甚至还要蒙受终极羞辱：它被描绘成一种圆胖、笨拙、有点儿滑稽的生物，成为过时的代名词。

最早画渡渡鸟的是亲眼见过它们的人，他们笔下的渡渡鸟比后人所刻画的要瘦得多。在 17、18 世纪的时候，渡渡鸟的形象变得更加古怪、复杂，被人为添加了许多不准确的特征，例如过大的头和喙、有蹼的爪子、一身色彩鲜艳的羽毛（渡渡鸟的羽毛大多是棕灰色的）。有些画作可能是根据被抓标本的样子绘制的，这些标本因圈养而超重了，因此渡渡鸟就被描绘成有些肥胖的样子。这意味着渡渡鸟的体形被夸大了。人们对渡渡鸟进行扫描，并制作它的三维模型，发现它恐怕是一种较苗条的动物，很可能只有 10 千克重，是之前断言的体重的一半。

围绕渡渡鸟还存在许多不确定性，因为只有极少数渡渡鸟的遗骸得到了有效的保存。如今没有完整的标本，现存的骨骼是由几只不同的渡渡鸟拼凑而成的。牛津大学自然史博物馆藏有一个木乃伊标本，上面有唯一保存至今的渡渡鸟的软组织。据说，17 世纪 30 年代，这只渡渡鸟被带到伦敦展示给公众看（最近，通过对其头部进行扫描发现，里面嵌有铅弹，这提供了一种可能性——它是在离开毛里求斯前被射杀的）。它死后就被制成了标本。1662 年，古文物研究者伊莱亚斯·阿什莫尔（1617—1692年）在得到它后就捐赠给了牛津。1775 年，由于当时的动物标本剥制术不太有效，这只渡渡鸟标本开始腐烂，最后人们只挽救了它的头和一只爪子。如此一来，唯一已知的能够提供渡渡鸟 DNA 的就是这些身体部位。2016 年，人们对它进行了基因组测序，这引发了理论上让渡渡鸟起死回生的可能性。

恐鸟

14 世纪，新西兰土著毛利人从波利尼西亚东部来到新西兰。由于与世隔绝，新西兰进化出一种生态系统，除了蝙蝠外没有别的本土陆生哺乳动物，但还有独特的鸟类、爬行动物和蛙类。令人印象最深的是恐鸟，它是一种不能飞的跟鸵鸟有亲缘关系的鸟。恐鸟中的巨型恐鸟站起来 3 米多高，是史上最高的鸟。它虽然是跑步健将，但到了 17 世纪晚期仍然被猎杀到灭绝。不过，恐鸟中有一些较小的种类可能存活到了 19 世纪。

蚊子

....

除人外，史上杀人最多的动物就属蚊子了。这个有翅小昆虫的影响力远远超过了它的大小，最小的才 3 毫米大，最大的也只有 19 毫米。在较温暖湿润的地区，尤其是在热带，蚊子很多，但它们也能生活在亚热带和温带。它们需要一些水源以产卵，水中的卵孵化成水生幼虫。结果就是，在沿海和沼泽地区，蚊子的密集程度往往更高些。但是，蚊子会在任何有死水积水的地方产卵。这意味着，排水系统差或污染程度高的居民区受蚊子侵扰的风险较大。

蚊子以花蜜和植物汁液为食。然而，它们不含有生成蚊子卵所需的铁和蛋白质。为了获得这两种物质，雌蚊就不得不从宿主那儿吸血。它们用喙 [10] 刺破宿主的皮肤，并注入一种抗凝血剂，在吸食时，这种抗凝血剂能防止血液凝结，避免喙被塞住。一只蚊子的吸血量可以是体重的两到三倍。在吸血过程中，蚊子携带的病原体就有可能感染宿主、传播疾病。

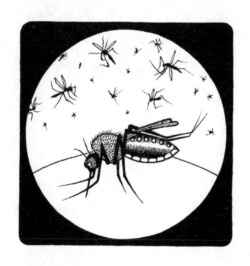

一共有 3500 种蚊子，它们吸哺乳动物、鸟类、昆虫、鱼类等各种动物的血。有 100 多种蚊子吸人血，它们通过感知人类的体温、体味和二氧化碳的排放找到人类。当蚊子叮咬人的时候，

---

10 蚊子的口器常称为喙，属于刺吸式口器。

它们可以传播多种疾病，比如登革热、脑炎、丝虫病、西尼罗河热、黄热病、寨卡热，其中最严重的还是疟疾。每年，罹患这些疾病的人数高达数百万，死亡人数高达几十万。这使蚊子成为全球公共卫生的重大威胁之一。

最应该为传播疾病负责的三种蚊子是库蚊、伊蚊和按蚊。库蚊传播多种疾病，其中最严重的是西尼罗河热。库蚊将西尼罗病毒从鸟传给人。目前还没有西尼罗病毒疫苗。人在感染该病毒后有 20% 的概率会发烧、头痛和呕吐。在约 0.7% 的病例中，病人会出现更严重的症状，甚至可能死亡。

伊蚊起源于非洲。从公元 15 世纪开始，主要用来运奴隶的欧洲船只在不知情的情况下把伊蚊从非洲横渡大西洋运到了美洲。从此以后，伊蚊就扩散到除南极洲外的各大洲。废旧轮胎通常是伊蚊的孳生地。轮胎中即使只有一点水，也能成为伊蚊的产卵池。伊蚊传播黄热病（得名于在一些病例中会引发的黄疸）等多种疾病，黄热病如不经治疗，可致人死亡。人们曾经普遍相信，黄热病的直接病因是卫生条件差，或是接触了感染者，而不是蚊子。多亏了美国陆军军医沃尔特·里德（1851—1902 年）的工作，这种观念才得以改变。1898 年美西战争期间，黄热病导致大量军人病亡，于是一个由沃尔特·里德领导的委员会开始调查研究黄热病。到了 1900 年，里德及其团队证实蚊子是罪魁祸首。人们通过排水和烟熏减少了蚊子的数量，黄热病也就开始得到控制。20 世纪 30 年代，黄热病疫苗被研制了出来，打了它以后就能终生免疫。然而，在热带非洲的一些地区、加勒比海地

淡水蜗牛

　　血吸虫病是染上寄生扁虫的淡水蜗牛把扁虫释放到水里所引起的一种疾病。这些扁虫感染接触到疫水的人，引发的感染能扩散到重要器官，并造成严重的健康问题，有时还会致命。根据世卫组织的统计，每年约有 20 万人死于血吸虫病。可以说淡水蜗牛是第二大致命的非人动物。

区、中美洲和南美洲，黄热病仍然是地方流行病。

　　疟疾是最严重的蚊媒传染病，只由按蚊传播，主要是由一种叫"冈比亚按蚊"的复合种传播的。疟疾是一种寄生虫感染，疟原虫在按蚊胃里生殖，然后随蚊子的唾液进入人的血液里，随血流到肝脏后在那里增殖，接着再度进入血液，侵入并破坏红细胞。如果一只未被感染的蚊子叮咬了患疟疾的宿主，就会被传染，这样一来，循环得以继续。疟疾会导致发冷、发热、疼痛、恶心、呕吐和腹泻。在严重的情况下，它能使流向重要器官的血流中断，若不及时治疗，病人可能会昏迷、中风或死亡。

　　直到 19 世纪晚期，蚊子在疟疾的传播过程中所扮演的角色才得以证实。在那之前，人们相信沼泽的瘴气是元凶。1897 年，一位在印度工作的英国医生罗纳德·罗斯爵士（1857—1932 年）发现了生活在蚊子体内的疟原虫，这证明是蚊子传播了疟疾。这是一项至关重要的发现。虽然早已有治疗疟疾的方法，比如奎宁，它是从安第斯山脉的金鸡纳树的树皮中提取出来的，人们从17世纪起一直都在用它，另外还有一些抗疟疾药物，例如1934年研发出的氯喹；但是，抗击疟疾更有效的方法还是减少蚊子总数，并防止它们叮咬人类。要实现这个目标，人们采取的措施有喷洒杀虫剂、抽干沼泽，以及普遍分发和使用蚊帐、驱虫剂。这些办法使疟疾的病例数量变少了，然而2018年仍有2.28亿病例，造成40.5万人死亡。受影响最大的地区是撒哈拉以南非洲，但在拉丁美洲和亚洲的一些地区，疟疾也仍是地方流行病。因此，一些研究者提议采用更为激进的办法解决这个问题，比如对蚊子进行基因改造，使其后代在性成熟之前就死亡。实际上，这种计划[11]不但难以实施，而且还会遭到质疑：可能会导致一个物种彻底被消灭的做法是否符合伦理标准。

---

11 2020年5月，美国环保局批准佛罗里达在2021、2022年间释放7.5亿只转基因蚊子。2021年4月的最后一周，首批转基因蚊子卵已被置于环境中，12周内打算放1.2万颗。这种蚊子由总部设在英国的一家美国公司Oxitec研发。

豚鼠

············

公元前 5000 年左右，生活在安第斯山脉的人们驯化了一种
啮齿目动物，饲养它们是为了吃它们的肉。除了美洲驼和羊驼
外，它们是该地区为农业而驯化的唯一哺乳动物。到了印加时
期，印加人用他们的语言——盖丘亚语称它们为"奎维"(quwi)
或"哈卡"(jaca)，在祭祀仪式上用它们，还通过仔细观察它们
的脏腑来预卜未来。在西班牙语中又叫"科伊"(cuy) 的它们现
在仍被许多生活在安第斯山脉的人们当成食物。在英语里，它们
被称为"几内亚猪"(guinea pig)。

16 世纪 30 年代，在西班牙人抵达安第斯山脉后的数年里，
少量豚鼠开始被运回欧洲，最初是被社会上流精英当宠物养。到
了 17 世纪中期，在英国已经成为众所周知的"几内亚猪"，但现
在仍说不清具体的得名之由。"几内亚"(guinea) 也许是指动物要
经由西非几内亚的港口才抵达英国，又或许是南美洲东北部的圭
亚那 (guiana) 地区的讹变词形。它们被称为"猪"，是因为其
体形看起来有点儿像猪，而且还会发出长长的尖叫声。到了 19
世纪，通常很温顺且易于照料的豚鼠成了流行宠物。这些特质也
使它们成为理想的医学实验动物。

至迟从公元前 4 世纪开始，人们就一直在动物身上做实验。

因为解剖人的尸体触犯了禁忌，通常也是非法的，所以想要学习更多的解剖学知识的人常常就用动物代替人体。到了 19 世纪，在活体动物身上做医学实验变得更加普遍了，而且还让动物染病以试图找到治疗方法。一些人开始质疑这种利用动物的方式是否符合道德标准，并成立了一些协会，发起了为动物争取更好待遇的运动。结果导致，1876 年，英国颁布了《防止虐待动物法》，这是第一部与动物实验有关的法律。根据其中的法律条款，必须先麻醉动物，研究者还必须有执照，他们一旦给动物施加了不必要的痛苦，就有可能被起诉。

跟豚鼠关系最大的科学家是德国医生罗伯特·科赫（1843—1910 年），他的工作彻底改变了人们对疾病的认知。1876 年，他分离出炭疽杆菌，接着便着手研究当时最致命的疾病之一——结核病。结核病俗称"痨病"，主要侵犯肺脏，在许多城市里流行肆虐，在穷乡僻壤尤为严重。科赫确信结核病是由一种细菌引起的，并将该菌确认为结核分枝杆菌。他在豚鼠身上检验了自己的理论，并于 1882 年公布了他的发现。随后，科赫致力于开发结核病的疗法，研制出了"结核菌素"，这是一种液体，其基础成分是结核杆菌培养菌的提取物。在豚鼠身上做了一些测试，结果看起来似乎是可喜的，于是科赫在 1890 年宣布自己获得了巨大成功。这引起了全球轰动，科赫被誉为救世主。但没过多久，人们就清晰地认识到，他的血清对结核病无效。因此，结核病仍然严重威胁着公共卫生。但是，还是有一些积极消息：治疗破伤风和白喉的抗毒素血清（经过了豚鼠和其他动物的实验）研制成功。1921 年，研制出预防结核病的疫苗，于是结核病便得到了控制。随后在 1951 年又发明出一种有效的治疗药物——抗生素异烟肼。

斑马鱼

斑马鱼是米诺鱼家族中的一员，因身上的条纹而得名。它虽然属于鱼类，但却广泛应用于关于人的医学研究中，尤其是在药物研发、疾病演化过程建模和基因研究的领域。这是因为人类基因中有 70% 可以在斑马鱼体内找到。此外，它们繁殖速度快，而且它们的透明胚胎也意味着科学家们从卵子受精开始就能监测其整个发育过程。

到了 20 世纪早期，"豚鼠"一词开始被用来喻指实验对象。人们做动物实验之所以普遍用豚鼠，除了其性情温顺外，还因为它们的免疫系统与人类大体相似。自 20 世纪中叶以来，豚鼠在医学实验中的利用率下降了，研究者们普遍开始偏爱用大小鼠 [12]，这主要是因为老鼠的成本更低且繁殖速度更快。动物实验用豚鼠的量虽然变少了，但仍在继续用着它们。因为豚鼠的耳朵

---

12 小鼠（mice）和大鼠（rats）都是鼠科动物，豚鼠是豚鼠科动物。

结构与人类的类似，所以研究它们有助于更好地理解听觉。同时，豚鼠的呼吸系统对变应原（allergen）很敏感，因此人们常用它们来寻求治疗呼吸毛病的方法。

几个世纪以来，反对用动物做实验的声音一直存在。反对者认为，这给动物造成了不必要的痛苦和折磨，用动物来做科学研究在道德上是不公平的。自20世纪70年代以来，动物权利运动加快了步伐。支持者们认为，动物有权活得有尊严，并应该获得尊重。反对者们则说，在动物身上进行医学实验利大于弊，而且动物不享有跟人一样的权利。虽然动物继续充当实验对象，但是大多数国家已经颁布了相关法律，规定了饲养它们的卫生标准，并要求最小化它们所承受的痛苦。

聪明的汉斯马

关于动物是否能学会说并理解人类语言这个问题，人们已经争论了很长时间。鹦鹉能模仿人类的短语，它们积累起来的词汇量有时高达数百个，在一些情况下，甚至还能回答问题。大猿虽然因舌、颚、声带的结构而难以模仿人说话，但还是有几只学会了手语，且单词量有数百个。然而，许多科学家质疑这些动物所说的在多大程度上能算是真正的"语言"，并且它们又能真正理解多少。同样地，动物的认知能力一直是实验与猜想的对象。动物真的能思考、学习吗？或者它们仅仅是在展示本能？又或者只是条件反射或训练后的结果？"聪明的汉斯"这个例子展现出准确测量动物是否真的能像人类一样思考和交流的难度。

威廉·冯·奥斯滕（死于 1909 年）是德国的一名中学数学老师。他认为人们低估了动物的智力。为了证明自己的直觉，他决定试着教动物学数学。教一只猫和一头熊的尝试都以失败告终，于是他换了一匹名叫"汉斯"的种马（其品种是原产俄国的奥尔洛夫快步马）继续教。冯·奥斯滕先教汉斯认写在黑板上的数字，数字是几，汉斯的马蹄就叩击几下，接着教汉斯学数学符号（甚至还教平方根），然后再教解方程式。第二步教字母表，马蹄敲一下表示"A"，敲两下表示"B"，以此类推。于是，当播放一首乐曲时，汉斯就能靠敲击马蹄拼写出作曲家的名字；当展示一幅画作时，它也能敲出画家的名字。汉斯似乎还能辨认颜色、打牌、看时钟，并能回答日历上即将出现的日期是哪天这类问题。1891 年，为了向公众展示汉斯有多聪明，冯·奥斯滕开始在柏林举办免费的汉斯才艺展。观众们看得目瞪口呆，因为汉斯答题的准确率高达 90%，而且其数学能力似乎跟 14 岁孩子的相当。

持怀疑态度的人开始不相信冯·奥斯滕，声称他用了某种方法把答案透露给了汉斯。精神分析学派的创始人西格蒙德·弗洛伊德（1856—1939 年）提出一个说法：汉斯和冯·奥斯滕之间有心灵感应。甚至当冯·奥斯滕不在场，由另一个驯马师问问题的时候，在绝大多数情况下，汉斯仍然能用马蹄敲出正确答案。德国教育部为了将此事弄个水落石出，于 1904 年下令组建一个委员会调查汉斯。该委员会的主席是哲学家、心理学家卡尔·斯图姆夫（1848—1936 年），其成员包括多名动物学家、兽医、驯兽师、老师，甚至还有一名马戏团经理。经过 18 个月的研究，他们宣布冯·奥斯滕并未设局欺骗大家。

　　奥斯卡·芬斯特（1874—1932 年）是斯图姆夫在柏林大学的助手之一。在他的领导下，评估工作继续进行着。经过进一步的调查和实验，他于 1907 年终于找到了合理的解释：汉斯只是在对提问者身体姿势和面部表情中的细微信号作出反应；当汉斯用马蹄敲出正确答案后，它能感觉到提问者的细微变化，于是就不敲了，从而看起来好像给出了正确答案。芬斯特让提问者问汉斯一些他们自己不知道答案的问题，又或者用隔板等隔开提问者和汉斯，结果都证实了芬斯特的猜想。在上述两种情况下，汉斯没有了可见提示，于是就无法作出正确反应，因此就给出了错误的答案。芬斯特解开了"聪明的汉斯"这个谜团。虽然汉斯显然具有令人印象深刻的回应人类肢体语言的能力，但是并不能说它真的在回答问题。由于此事，在关于动物交流的实验和研究中最好的做法就成了要尽最大努力地减少与动物面对面的接触。这能确保结果的准确性，并避免得到任何虚假的阳性结果。

虽然汉斯的智力达到了人类水准这个说法在科学上已被驳斥了，但是冯·奥斯滕继续公开展示它，通常还能吸引大批人潮。冯·奥斯滕死于 1909 年，汉斯于是就被出售，此后还被一卖再

吉姆马

白喉这种疾病对幼儿的杀伤力最大。它是由接触了白喉杆菌引起的，会导致呼吸困难、发烧，乃至死亡。19 世纪 90 年代，科学家们研发出一种治疗它的抗毒素血清。研制过程是：将白喉杆菌注入马的体内，然后抽马的血，从中分离出抗击感染的抗体，并将之制成可注射的血清。"吉姆"是一匹美国马的名字，它提供的血清超过 28 升，但于 1901 年染上破伤风后被杀。然而，取自吉姆的受污染的血清被分送到了各地，造成 13 名儿童死亡。这导致对药品的管理更加严格了。

卖。1914 年，一战爆发，许多马主人自愿将马捐出来用在军事上，德国政府也征用了很多马。尽管汉斯很有名，但也不能免服兵役。不幸的是，它于 1916 年从官方记录中消失，这表明它很可能是战争中牺牲的数百万匹马中的一匹。

旅鸽玛莎

1914 年 9 月 1 日，在辛辛那提动物园里，一只名叫"玛莎"的旅鸽死在它的鸽笼里。圈养繁殖的玛莎因患有麻痹性震颤症而经常会不由自主地颤抖，而且从未产下过一颗能孵化出后代的蛋。4 年多来，它一直是其物种中已知的最后幸存者。它吸引了成百上千的人前来参观，有人有时还往鸽笼里扔沙子，希望能刺激它起来走走。它的死标志着旅鸽的灭绝，而旅鸽曾经是世界上数量最多的鸟类之一。

旅鸽原产于北美。在欧洲人到来之前，它们一度占当地鸟类总数的四分之一以上，其数量在 30 亿到 50 亿之间。北美东部的大部分地区曾经覆盖着森林，那是旅鸽的主要繁殖地，冬天它们为了寻找食物主要向西迁徙。旅鸽的英文名"passenger pigeon"源自法语中"passager"（乘客）一词，它含有"经过"（pass by）之义，指涉的就是其迁徙的习性。一大群旅鸽一起生活，一起迁

徙，数量有时高达数百万只。它们是飞行健将，飞行速度可达到
95 千米 / 时。据说，当一群旅鸽飞过时，它们能遮天蔽日，而且
发出的噪音大到令人无法交谈的程度。它们筑巢的场地可能非常
大。根据记载，威斯康星州一个筑巢地的占地面积是 2000 平方
千米，里面住着 1.36 亿只旅鸽。旅鸽在树上栖息，有时数量如
此巨大，以至于树枝都被折断了。这么稠密意味着掠食者几乎无
法伤害到旅鸽群的整体实力。即使损失了一些旅鸽和旅鸽蛋，其
造成的影响也是可以忽略不计的。

到了 19 世纪早期，美国开始向西扩张。当时，美国的城市
主要集中于东海岸，来自欧洲的大量涌入的移民使其人口暴增。
付出代价的则是美国原住民。他们饱受殖民者带来的暴力和疾病
之苦。千百年来，他们在这片土地上生活、狩猎、搜寻食物。现
在，他们赖以生存的土地被殖民者强占。在此过程中，几千平方
千米的森林被砍伐，同时也夺走了旅鸽的栖息地。

猎人是旅鸽的最大威胁。由于种群高度密集，所以杀它们极
其简单。手舞一根棍子从鸟群中穿过，轻轻松松就能把一些打下
来。城区对肉类的需求将彻底改变人们猎杀旅鸽的手段，并鼓励
大规模商业化的大屠杀。交通工具和通信手段的创新也起到了帮
助作用。全国电报网络使关于鸟群动态的报道得以迅速传播，同
时铁路系统被用来将旅鸽（一般被装入桶中）快速运往市场。猎
人们会找到旅鸽的筑巢地，一次就杀死数以千计的旅鸽。一个常
用的方法是在旅鸽筑巢的树下生火或点燃硫磺，这会使旅鸽晕
眩，从而掉下树来。另一个可供选择的方法是直接把上面有鸟巢

的树木砍倒，或者用泡过酒的谷物当诱饵。有时，人们把捕获的旅鸽（或旅鸽模型）当诱饵，放在被称为"凳子"（stool）的小栖木上。这会引来一大群旅鸽，接下来便可将它们一网打尽。这些旅鸽之所以飞来，是因为它们以为自己鸟群中的一员找到了食物。这种做法是"凳子鸽"（stool pigeon）一词的由来，它用来指向当局出卖同伙的告密者。

到了 19 世纪 60、70 年代，旅鸽的数量显然在急速下降，但屠杀仍在继续。1896 年，人们发现了最后一个数目可观的旅鸽群，共计 25 万只，最后被猎人杀得所剩无几。人们最后一次明确见到一只野生旅鸽是在 1901 年，这只野生旅鸽被射杀，并被制成标本。到这时，联邦政府终于行动了起来（但有一些州早已通过了保护旅鸽的州法律）。1900 年 5 月，《雷斯法案》经签字批准成为了法律，它是美国通过的第一部保护野生生物的全国性法律。它禁止州与州之间互相交易非法捕杀的野生鸟兽和鱼类（以及非法采集的植物）。1918 年，又通过了另一部保护候鸟的法律。但是，它们来得太晚了，以致无法帮到旅鸽。人们继续圈养着许多旅鸽，但使它们育种交配的所有尝试都以失败告终。

从此以后，旅鸽就成了即使看起来健康的物种也很容易灭绝的象征，而且也是需要保护野生生物免受人类剥削的象征。科学家们已经从现存标本中提取出了 DNA，并以此对旅鸽的基因组进行了建模，其中缺失的部分就用旅鸽现存的最近近亲——斑尾鸽的 DNA 来填补。这提高了未来某一天复活旅鸽的可能性，但考虑到它们偏爱极大规模地成群活动 [13]，因此该计划能否成功，还是个未知数。

至于玛莎，人们把它的尸体冰冻在一块重 140 千克的冰块里，用火车将它送到了华盛顿特区的史密森学会。它被解剖，并被制成标本，随后在美国国立自然历史博物馆中展出，直到 1999 年才被移出永久性公开展品之列。

黑鼠

1918 年 6 月 15 日，在位于悉尼东北 780 千米处的豪勋爵岛上，"马坎博"号汽轮搁浅了。直到 18 世纪末，人类才发现该岛，岛上生活着许多独特的植物、鸟类和昆虫。在船上的水果、蔬菜货物中，潜藏着岛上生物多样性的威胁——黑鼠。"马坎博"号重新浮了起来，并继续航行（它后来被卖给一家日本公司，1944 年被一艘英国潜艇击沉），但在那之前，船上的一些黑鼠就窜上了岸。由于岛上缺乏任何天敌，所以黑鼠就大量繁殖了起来，但是岛上的植物群和动物群却为此付出了惨痛的代价。黑

---

13 大规模旅鸽种群所需的生存环境，比如辽阔的筑巢地，现在已不复存在。如果复活的旅鸽只能小群体生活，那还是旅鸽吗？

鼠灭绝了 5 种鸟类、13 种昆虫和两种植物，而且这些还都是在其他地方找不到的物种。20 世纪 20 年代，为了控制黑鼠的数量，塔斯马尼亚面鸮被引到岛上，但它们对当地的鸟类种群、同样在那儿筑巢的海鸟们甚至造成了更为严重的伤害。发生在豪勋爵岛上的事只是一个缩影，它展示了黑鼠和跟它有亲缘关系的鼠类是如何成为入侵物种的，又是如何严重损害当地野生生物的。这种事持续了数千年，却在过去的 500 年里加速了，这是全球海上贸易、欧洲帝国主义和殖民主义的兴起所导致的。

黑鼠很可能起源于东南亚，并从那儿传到印度。经陆路传播，于公元前 2000 年抵达阿拉伯半岛；公元前 1000 年，到达巴勒斯坦；公元前 400 年，来到地中海地区的西部。公元 3 世纪，才到了英国。到这时，它们在欧亚大陆和北非的各地都已牢牢地扎下了根。9 世纪，阿拉伯商人将黑鼠带到了印度洋中的一些岛屿上。从 16 世纪起，黑鼠通过横渡大西洋的欧洲船只开始扩散到了美洲。

黑鼠能无所不在的一个原因是它们的繁殖速度极快。2 到 4 个月的黑鼠就已经性成熟了，一对黑鼠在一年之内能繁殖出 1 万只后代。它们是杂食动物和机会主义觅食者，嗅觉很强，动作极其敏捷，还是游泳健将。这使它们非常适合生活在人类的定居点附近。它们吃农民种植的谷物和果实，因为任何能消化的东西它们几乎都能吃，所以城区产生的废弃物就是它们另一个充足的食物来源。在无人居住的地区，它们一样如鱼得水，因为它们能蹿上树梢，搜寻食物，具体来说是幼鸟和鸟蛋这种食物。黑鼠的传

兔子

兔子原产于欧洲的西南部和非洲的西北部，中世纪时被故意引入欧洲的其他地区。从 18 世纪晚期开始，英国殖民者把兔子带到澳大利亚、新西兰和太平洋中的许多岛屿上。在那儿，人们把兔子当作狩猎活动的猎物，水手则把兔子当成一种食物。像老鼠一样，兔子也成了入侵物种，严重破坏了当地的生态系统。兔子挖洞导致土壤受侵蚀，兔子吃草则严重破坏了本土植物和农作物。

播给人类带来了一些负面的影响。它们破坏庄稼，传播疾病，其中最严重的当属鼠疫。

在世界范围内，人类还传播了另外两种鼠。第一种是波利尼西亚鼠，跟黑鼠一样，也源自东南亚。从公元前 3000 年开始，人类就在太平洋中的岛屿上定居了下来，同时也带去了波利尼西亚鼠。此举在一定程度上可能是有意为之的，因为人们有时吃它们，还会用它们的皮毛制衣。第二种是褐家鼠，源自中国北部，15 世纪中期传到了欧洲。1720 年左右，就在英国即将踏上两个世纪的帝国主义扩张征途的时候，褐家鼠抵达英国，这使它得以传遍整个世界。它比黑鼠大，攻击性也强些，在许多地区挤走了黑鼠，尤其是在气候较温和的环境里。

在气候较炎热的环境里，黑鼠最成功，尤其是在没有天敌的岛屿上。19、20世纪，曾经荒凉偏僻的岛屿，特别是那些在太平洋中的，成了全球航运网络的一部分。发生在豪勋爵岛上的事在其他地方重演了数千遍。黑鼠能游300到750米，这意味着它们能移居到附近的岛屿上。因此，只有无人居住的小岛往往才没有老鼠。热带岛屿为黑鼠提供了各种各样的食物：鸟类、爬行动物、蜘蛛、昆虫、甲壳纲动物和龟类。黑鼠吃它们，导致了多个物种灭绝。不过，黑鼠偏爱的食物还是植物性物质。它们以种子和果实为食，这打断了植物的授粉。再加上它们爱吃叶芽和花苞，爱咬树皮，这意味着黑鼠能严重地破坏森林。这样一来，就会扰乱其他动物的食物供应，破坏它们的栖息地。即使在毫无希望的环境里，黑鼠也能生存下来——它们甚至不需要淡水水源，因为它们从露水、降雨和食物的水分中就能获得生存所需的所有水。从1948年到1958年间，美国人把埃尼威托克岛当作核武器的试验场，在那里引爆了43枚核弹，在这样的土地上黑鼠竟然还能存活下来。

在一些地区，人们一直致力于消灭入侵的鼠类种群。在大多数情况下，只有较小的岛屿，才有可能实现这个目标。已经这样做了的地方中，面积最大的是南乔治亚岛。它位于南大西洋中，面积约为3500平方千米，于2018年宣布全岛无鼠。人们靠在整座岛上撒300吨毒药的方法杀死了所有黑鼠。这种方法表明，如果人类希望清除黑鼠或其他入侵物种，也许就不得不考虑采取严厉的极端举措。

老虎

·············

现存最大的猫科动物——老虎的首次进化发生在 200 万年前。历史上，它们曾遍布亚洲的大部分地区——从安纳托利亚半岛一直延伸到中国东海海岸，并且还向南远至印度尼西亚的巴厘岛。在许多环境里，从极寒的泰加林（白雪覆盖的森林）到干旱的草地，再到热带雨林，老虎都能如此游刃有余。无论生活在哪里，它们都是顶级掠食者，夜间出来狩猎，伏击野猪、鹿、驼鹿等猎物。除了母虎和幼虎（它们会一起生活两到三年）外，老虎一般独居。老虎具有高度的地盘意识，一只老虎的巢区（home range）可大到 4000 平方千米。老虎已经衍生出了多个地区亚种。体形最大的是西伯利亚虎，主要生活在俄罗斯的远东地区、中国东北的部分地区，可能还生活在朝鲜偏远的北部。它体长 4 米，重 300 千克。跟其他老虎一样，橙褐色的毛皮上有黑色的条纹。然而，西伯利亚虎的毛往往更长、更厚、更柔软，而且颜色也更浅，为了保护虎爪在雪中不被冻伤，爪子周围的毛还会格外长一点。

数千年来，在亚洲各地，老虎都一直备受尊崇。在印度，老虎是力量和勇敢的象征，印度教战争女神杜尔迦的坐骑就是一只老虎。虽然老虎现在已从朝鲜半岛的大部分地区消失了，但是它们曾经被尊为山神和守护神，石虎守卫着在 1391 年到 1910 年间统治朝鲜的李氏王朝（Joseon dynasty）的皇陵。在朝鲜文化中，老虎现在仍然扮演着护身符的保护角色。在日据时期（1910—1945 年），老虎是国家团结和抵抗日本殖民统治的象征。西伯利亚虎是韩国的国兽，也是 1988 年汉城奥运会的吉祥物。在中国，老虎代表阳刚之气，因额头上的四道条纹像"王"字形而被视为"百兽之王"。考虑到这些，从二十世纪五六十年代起，当东亚一些地区开始了快速工业化的进程，并由此繁荣发展的时候，人们开始称它们为"虎体经济"[14]，也就不足为奇了。虽然老虎受到了尊重，但其数量一直在稳步下降，尤其是 20 世纪初以来，它们已沦落到灭绝的边缘。

　　1900 年，大约有 10 万只老虎生活在野外。到了 2015 年，只剩下了 3200 只。许多亚种已经灭绝，比如里海虎、爪哇虎和巴厘虎。此外，华南虎或许也可能从野外消失了。现在只剩下 5 种老虎：西伯利亚虎、孟加拉虎、印度支那虎、马来亚虎、苏门答腊虎。老虎数量急剧减少的原因很多。首先，老虎是猎人们梦寐以求的目标，被他们视为终极猎物。其次，虎皮很抢手，可用来制成衣服和装饰品。第三，中医把老虎的几乎每个身体部位都看成是具有强大药效的潜在药材，用以抗击多种疾病。磨成粉的虎骨可用来治疗关节炎，虎血能壮胆强身，胆汁能防止小儿抽

---

14 "亚洲四小虎"指的是东南亚的印度尼西亚、泰国、马来西亚、菲律宾，但此处指的应该是日本、韩国、中国台湾。

搐。最后，也是最重要的原因是，污染、人口增长，以及农业、畜牧业、伐木业的发展，导致老虎失去了栖息地。它们失去的不仅仅是地盘，还有猎食的动物们。事实上，西伯利亚虎的栖息地已经缩小到西伯利亚已没有西伯利亚虎的地步了。正因如此，它们有时被称为东北虎。

20 世纪期间，人们捕获了成千上万只老虎，就只是为了向公众展示它们。现在，圈养的老虎比野生的多。在美国，这种情形尤为普遍，圈养的老虎数量可能高达 1 万只。养在动物园里的只是少数，还有许多被养在私人家里。圈养老虎在很大程度上是不受监管的，因此这些老虎就饱受虐待、无人照料和近亲交配之苦。许多幼虎大到不好操控的时候，就会被杀死。圈养繁殖老虎并不真的等于保护老虎，因为这样的老虎几乎不可能回到野外生活。更成问题的是，老虎常与狮子交配而产下"狮虎兽"（liger）和"虎狮兽"（tigon），这两类动物们饱受神经问题和遗传缺陷的

折磨。

最近几十年以来，老虎的数量开始慢慢地有所恢复。截至2020年，共有3900只老虎生活在野外，其中一半左右是生活在印度的孟加拉虎。这意味着老虎数量在100多年里首次增加。各国政府都已采取了行动，禁止所有老虎制品，尤其是医药产品。1997年，禁止了老虎身体部位的国际贸易。后来，又划出了老虎禁猎区，并严厉打击偷猎和猎杀老虎这类行为。俄罗斯的远东是一个荒凉偏僻、人烟稀少的地区，也是最大的连绵不断的老虎栖息地。20世纪40年代，那里剩下的西伯利亚虎不会超过30只，而现在则有500多只，这是一个巨量增长。确保其数量保持稳定，离不开大家的共同努力。人们用摄像机和电子跟踪器密切监测着西伯利亚虎的种群，并帮助成为孤儿的幼虎恢复正常生活，直到它们自己能在野外生存下去为止。西伯利亚虎和其他虎亚种的数量得以恢复的故事表明，即使最雄伟的动物，也有可能从野外消失，但只要人类齐心协力，就可以挽救濒临灭绝的动物。

莱卡犬

二战后，留下了两个超级大国——美国和苏联。它们之间的

"冷战"持续了约半个世纪。两国在没有直接开战的情况下争夺霸权。意义最重大的较量舞台之一是太空，太空竞赛将使一只莫斯科的流浪狗一举成名天下知。

太空竞赛并不是对科学发现的理想化追求。确切点说，它是一场争夺支配地位的意识形态之争的一部分。在太空竞赛中占上风不仅是技术优势的公开标志，而且还有军事上的影响。这是因为火箭是无法拦截的核武器运载系统。美国和苏联都怀有实现载人航天的雄心，然而，宇宙航行对生物的影响尚不为人所知，因此首先被送上去的将会是动物。美国通过于 1947 年将果蝇送上太空首开先河，接下来上天的是猴子和黑猩猩。苏联用大小老鼠和兔子做实验，但他们最常用的动物宇航员还是狗。

苏联主要用狗，这是因为狗好训练，而且容易弄到。他们更偏爱用流浪狗，因为他们认为街头流浪的生活为它们接受严苛的训练做好了准备。候选狗必须小到能被塞进宇宙飞船的密封舱里，皮毛颜色也要浅一点，因为这样在胶片上才会比较显眼。只会挑选母狗，因为母狗比较温顺。而且，为母狗设计宇航服也较容易，因为母狗撒尿时无须抬腿。几十只狗被集合起来，一起受训。苏联人把它们关在逐渐变小的笼子里，最长可关 20 天，并喂它们吃胶冻状的食物。这些狗饱受巨大噪声和压力变化的折磨，还被放在离心机内旋转。狗成双成对地被送上天去，这样才能比较它们的经历。首批太空犬名叫"得利卡"和"吉普赛"。1951 年，它们经历了一次亚轨道飞行后还是活了下来，此次飞行到达的高度是 109 千米。

1957 年 10 月 4 日，苏联将第一颗人造卫星"斯普特尼克（俄语名意为"旅伴"）1 号"送入了地球轨道。苏联领导人尼基塔·赫鲁晓夫（1894—1971 年）下令，在这之后要首次将一颗含有动物的人造卫星送入轨道。这必须要在一个多月内做到，因为那时正值十月革命[15]的 40 周年纪念日，也是布尔什维克党夺取俄国政权的纪念日。苏联科学家们没有时间设计出一个能返回地球的密封舱，该舱也没有大到能容纳两只狗。确切点说，"斯普特尼克 2 号"的发射过程就是一只名叫"莱卡"（俄语名意为"会吠叫的动物"）的杂种狗的单程之旅。

在莱卡执行任务之前，一名科学家把它带回了家，让它和他的孩子们一起玩，希望给它最后一次快乐的经历。一个监测血压、呼吸频率和心跳的仪器被植入莱卡体内。随后，它坐着飞机来到拜科努尔航天发射场——苏联在哈萨克斯坦境内的航天发射基地。卫星升空前三天，莱卡被放入密封舱。1957 年 11 月 3 日，"斯普特尼克 2 号"发射升空。就在莱卡被高速送入太空的时候，它的心率是平时的三倍，呼吸频率是平时的四倍。三个多小时后，它的心率和呼吸频率才恢复正常。在失重的情况下它还吃了一些食物。到那时，"斯普特尼克 2 号"和莱卡正绕着地球运行。可是，并非一切都按计划进行。热控系统没能正常运转，意味着莱卡所处的密封舱内的温度超过了 37 摄氏度。环绕地球运行到

---

15 发生在公元 1917 年 11 月 7 日，俄国历法 1917 年 10 月 25 日。

了第 4 周的时候，也就是任务开始后第 5 到第 7 个小时之间，莱卡死于过热叠加惊恐。1958 年 4 月 14 日，"斯普特尼克 2 号"坠落，在大气层中燃烧殆尽，这意味着莱卡的遗骸也不复存在了。苏联领导层隐瞒了关于莱卡死亡的情况，声称在任务开始后第 6 到第 7 天期间它因缺氧而死。直到 2002 年，真相才得以披露。

在"斯普特尼克 2 号"之后，苏联在航天领域取得了更多的成功。1960 年，名叫"贝尔卡"和"斯特热尔卡"的两只狗、一些大小鼠、一只兔子和一些果蝇在一次轨道飞行后平安地返回了地球。1961 年 4 月，尤里·加加林（1934—1968 年）成为第一个进入太空的人。那年晚些时候，赫鲁晓夫把斯特热尔卡生下的一只小狗普辛卡（俄语名意为"毛茸茸"）送给了美国总统约翰·肯尼迪（1917—1963 年）。此举是一种外交姿态，但同时也在含蓄地提醒人们苏联的太空优势——当时美国还没能把人送入轨道。后来，普辛卡和肯尼迪一只名叫"查理"的威尔士㹴生下了四只小狗。在肯尼迪于 1963 年遇刺身亡后，普辛卡被送给了白宫的一名园丁。肯尼迪死后的数年里，美国的太空项目获得了对苏联的优势，于 1969 年完成了肯尼迪雄心勃勃的计划——在60 年代结束前将人类送上月球。然而，如果没有莱卡这些动物的牺牲，美国和苏联在太空领域就都不可能取得如此巨大的成就。

65 号

1961 年 1 月 31 日，美国国家航空航天局（NASA）将"65 号"发射升空，使它进入亚轨道飞行。在历时 16 分 39 秒的任务中，只要信号灯闪烁，它就要对此作出回应——拉操纵杆。这表明它可以在太空中完成任务。"65 号"是一只三岁的黑猩猩，在返回地球后被重新命名为"汉姆"（Ham，霍洛曼航空航天医学中心——Holloman Aerospace Medical Center 的缩写）。

黑猩猩灰胡子大卫

在 20 世纪 60 年代之前，人们普遍认为：人类是唯一会制作和使用工具的物种，这种能力把人和其他动物区分开来，并构成了人类支配自然界的基础。多亏有对一只被称为"灰胡子大卫"的黑猩猩的观察，这一假设才被证明是错误的。

最早使用工具的人类是"能人"（拉丁文学名 Homo habilis 意为"手巧的人"）。他们的进化发生在 240 万到 150 万年前。1960 年，一支英国科学探险队在奥杜瓦伊峡谷首次发现了能人化石。该峡谷是坦桑尼亚的一处考古遗址，那儿发掘出许多早期人类的遗骸，证明了现代人是在撒哈拉以南非洲进化的。在该峡谷中，人们还发现了早期人类用来剁碎、敲碎动物尸骨和植物的大量石制工具。出生于肯尼亚的人类学家路易斯·利基（1903—1972 年）负责指挥了奥杜瓦伊峡谷的发掘工作。为了查明人类究竟是如何进化的，他想要揭开人类最近的祖先——大猿更多的行为之谜。为了理解它们，就必须在野外观察它们的生活方式。被利基选中从事这项工作的有一位名叫"珍妮·古道尔"（生于1934 年）的英国女人。

古道尔对学习有关动物的知识满怀激情，但那时并未受过正规的科学训练。1957 年，她来到肯尼亚，在那里联系上了利基，被利基雇为秘书。随后，利基建议她观察黑猩猩的行为，并争取到了一笔拨款，足以支付一次探险所需的费用。被利基选中在野外观察猿类的女性被称为"利基三天使"（Trimates）。古道尔是第一位，其他两位是戴安·弗西（1932—1985 年）和蓓鲁特·高尔迪卡（生于 1946 年），她们分别研究卢旺达的大猩猩和婆罗洲猩猩。古道尔在冈贝河野生动物保护区展开了自己的研究。该保护区位于坦桑尼亚的西部，坦噶尼喀湖的东岸，占地面积为150 平方千米。保护区内的山谷和山脊被森林覆盖着，那里生活着包括众多黑猩猩在内的形形色色的野生生物。1960 年 7 月 14日，古道尔及其母亲、几位向导和一名厨子一道抵达那里。

在那之前，极少有人试图研究生活在野外的黑猩猩和其他猿类。古道尔抵达冈贝后最初几周的经历展现出这种做法的危险。每次只要她走到距离黑猩猩不到 500 米的地方，黑猩猩们就会四散开去，即使她自己一个人出来，情况也是如此。虽然古道尔能在远处观察黑猩猩，但在真正理解黑猩猩群落方面，她几乎没取得什么进展（更糟糕的是，她还饱受疟疾发作的折磨）。三个月后，黑猩猩们跟古道尔熟了起来，于是古道尔就能跟它们靠得更近一点。她认得出一些黑猩猩，并将其中一只命名为"灰胡子大卫"，因为它的下巴上有银灰色毛发。1960 年 10 月 30 日，她看到它在吃肉。这是一个重大的发现，因为人们之前一直认为黑猩猩是草食性动物。后来，古道尔又看到黑猩猩经常吃肉，还猎杀猴子、非洲野猪和薮羚（羚羊的一种），甚至还会吃同类（cannibalism）。

五天后，古道尔有了一个甚至更重要的发现：黑猩猩会使用工具。那天，她看见灰胡子大卫和歌利亚——跟大卫同群落的另一只领头雄性（alpha male）在一起，它们把草梗捅进一个白蚁

堆，拔出来后吸掉上面密密麻麻的白蚁。后来，她看见黑猩猩们为了达到这个目的还会拔掉细枝上的叶子，甚至还会带着细枝从一个白蚁堆走到另一个白蚁堆。这不是基于本能的先天行为，而是建立在观察其他黑猩猩这样做的基础上的习得行为。这个观察具有开创意义：人类不再是唯一会制作和使用工具的动物。其他地方的黑猩猩还被观察到会使用其他工具，例如砸开坚果的石头、舀水的树叶。

1961 年 3 月，灰胡子大卫开始定期出现在古道尔的营地，吃营地附近松树上的成熟松子。一天，它走到帐篷旁，偷走了落在外面的一根香蕉。为了鼓励它多来，更多的香蕉被留在帐篷外。最终，它能轻松自在地从古道尔的手中接过香蕉。当他俩在森林里相遇的时候，它还会跟古道尔打招呼，以示亲切。灰胡子大卫还把同群落的两名成员——歌利亚和威廉带到营地。这使古道尔意识到每一只黑猩猩都拥有截然不同的个性：灰胡子大卫沉着冷静、友善温柔并令人觉得宽心，歌利亚则比较好斗、易怒，而威廉则往往是恭顺、被动的。它们仨都习惯了跟古道尔相处，但跟她处得最好的还是灰胡子大卫。

1966 年，剑桥大学授予古道尔博士学位（尽管她没有本科学位）。此后的几十年里，古道尔还是会定期返回冈贝。她在那儿的工作使她成了享誉全球的名人，并重新定义了人们对黑猩猩的看法。1968 年，在帮助古道尔理解黑猩猩这个物种上贡献颇多的灰胡子大卫死于肺炎。6 年后，该黑猩猩群落一分为二，它们之间还爆发了暴力冲突。这场“战争”一直持续到 1978 年，以一方击败另一方告终，胜利的一方杀死了对方包括歌利亚在内的总共 10 名雄性。尽管黑猩猩反映出人类心灵手巧和怜悯同情的一面，但它们同样也揭露了我们所拥有的较阴暗的暴力和仇恨的那一面。

瓶鼻海豚

海豚是最聪明的动物之一。它们拥有解决问题、模仿和快速学习的能力，具有高度发达的沟通技巧和自我意识，还能表达同情、体验情感，它们所感受到的可以被描绘成"悲伤"等。

瓶鼻海豚是高度群居的动物。它们一起生活，形成大小不一的海豚群（pod），小到由一对组成，如果食物充足，就可大到有 1000 多只海豚一起捕食。这些群里的成员是不断变化的。雌性和它们的幼崽一起生活，以 5 到 20 只为一群。两三只雄性形成一群，它们能一起生活几十年。为了保护自己或偷雌性来交配，这种雄性群会临时和其他群结盟。为了应对它们高度流动的社会，瓶鼻海豚具有高度发达的边缘系统（大脑中处理情绪和行为的部分），会照顾群里的病人和伤员，例如帮它们浮出水面以便呼吸。瓶鼻海豚用一系列的哨声、尖叫声和咔嗒声沟通交流，还会使用身体语言，比如用尾巴拍水。它们展露敌意的方式可能是：啪的一声把上下颌合上或者喷气孔快速地喷气。每一只瓶鼻海豚都拥有独特的"签名"哨声。即使在分隔 20 年后，它们也能认出老友的哨声。这表明，除人类外，它们是拥有最长久记忆的动物。

通过观察瓶鼻海豚的捕食习惯，人们弄明白了它们的认知能力和合作方式。它们捕食的技巧之一是：海豚群排成一条线，迫使鱼上岸，在半搁浅之前从拍岸的激浪中攫取猎物，随后滑回水里。它们还会利用河口沙洲或海堤把鱼群围困起来。人们观察到，当澳大利亚的瓶鼻海豚为了吓出生活在海床上的鱼而挖沙的时候，它们会用海绵 [16] 保护自己的吻突。雌性的捕食方法往往更富有创新精神，因为它们必须要找到更多的食物以喂养幼崽。瓶鼻海豚在捕食的时候会使用回声定位（echolocation）：快速发出遇到水下物体会反射出去的音调很高的咔嗒声。通过听反射回来的声音，它们能确定物体是什么、它所处的位置，以及物体的移动速度、移动方向。

许多科学家都试图找出与海豚交流的方法。他们训练海豚，使它们能够回应人类的声音、语言提示。一些研究人员分析了海豚的言语，声称其可能达到了类似人类语言的先进程度。最确信人能跟海豚沟通交流的思想家之一是美国科学家约翰·里利（1915—2001 年）。二十世纪五六十年代，他渐渐相信有可能

---

16 低等多细胞动物，种类很多，多生在海底岩石间。

教会海豚模仿人类说话。作为他研究的一部分,里利在美属维尔京群岛开设了一家研究人与海豚交流的机构,里面养着3只瓶鼻海豚,并得到了美国国家航空航天局(NASA)的资助。美国国家航空航天局(NASA)对于找到与非人物种沟通的手段十分感兴趣,因为万一跟外星生物联系上,这类技巧就能派上用场。1965年,该研究中心的一名志愿者玛格丽特·豪·洛瓦特(生于1942年)与一只叫"彼得"的海豚在一间装满水的房间里共同生活了6个月。她尝试教彼得用喷气孔说话。次年,该项目因花光了资金而终止。与豪·洛瓦特发展出异常亲密关系的彼得被转移到了迈阿密的一个研究中心。在那里,它的生存空间不足,且几乎终日不见阳光。最后悲剧发生,彼得自杀了。它拒绝继续呼吸,沉到池底,窒息而死。

一些国家一直在设法把海豚的聪明才智用在军事上。自20

世纪 60 年代以来，美国海军一直在训练瓶鼻海豚（以及海狮）在海上寻找并衔回物体，同时也训练它们辨别接近船只的游泳者是否暗藏敌意。在越南战争期间，瓶鼻海豚被部署在船只附近巡逻。2003 年，一些船只驻扎在伊拉克南部的海岸边，为了帮忙定位波斯湾里的水雷，一些瓶鼻海豚被飞机运到这里。2012 年，美国海军宣布机器人将取代动物。但迄今为止，这还没有发生，因为没有一个机器人样机比得上动物们的表现。此外，俄罗斯和乌克兰在海军作战行动中也可能使用了海豚和其他海洋哺乳动物。

这类计划因具有剥削性而招致批评。但是，跟水上乐园对待海豚和许多其他水生动物的方式相比，它们的问题就显得微不足道了。截至 2019 年，全世界有 3000 多只海豚（主要是瓶鼻海豚）被圈养。许多海豚被养在水池里，或者独自生活，或者生活在小群里。它们受训为观众表演把戏，被迫跟游客一起游泳，还要忍受游客的触碰。如此环境会给圈养的海豚造成巨大压力和健康问题，因为它们习惯于在深水里长距离游泳，与许多其他海豚互动交流，捕食野生的活猎物。人类也许还没有完全认识到海豚的智力和认知能力的确切本质，但给这种好奇心强且复杂的动物造成的创伤却是显而易见的。

水生皇太子？

阿尔邦的盖伊四世（死于 1142 年）是中世纪的一位法国贵族。因为他的盾徽上有一只海豚，所以他和他的继任者们就被称为"海豚"（le Dauphin）。1349 年，他的后代维埃纳的赫伯特二世（1312—1355 年）无嗣，又在经济上遇到了严重困难，于是就把家族土地——"多菲内"（Dauphiné）地区卖给了法国国王。赫伯特在卖地协议中规定，未来对法国王位具有当然继承权的所有人都应该带有"海豚"（Dauphin）这个头衔。这个传统一直持续到 1830 年，尽管在法国大革命和拿破仑时期（1789—1815年）被废止过一段时间。

蛙

·········

两栖纲无尾目动物，更广为人知的名字是蛙（frog）。它们多见于水中，但还是有一些生活在陆地上，甚至是树上。蛙类主要吃昆虫，但有些种类吃蠕虫、啮齿目动物、爬行动物或其他种的蛙。现在还有 6000 多种蛙。大部分的蛙皮肤光滑，跳跃前进。那些蹲伏、皮肤有疣、齐足跳行的种类通常被称为"蟾蛤"（toad），但这是非正式的区分。蛙长着突出的双眼和有蹼的后足，没有脖子。除了发现于北美的两种蛙以外，其他都是无尾的。

蛙大多长着渗透性的皮肤（其他两栖动物也一样），可以用来直接吸收氧气和水。为了防止皮肤变干，上面长满了分泌黏液的腺体。黏液将其身体包裹起来，以防细菌、病毒和真菌进入体内。这些分泌物不仅帮助它们保持健康，而且还使它们滑溜溜的，这样一来，就增加了掠食者抓到并吃掉它们的难度。一些种类的分泌物是有毒的，有些毒性还极大。生活在中美洲和南美洲热带森林里的毒蛙是最致命的。像许多其他蛙一样，它们色彩鲜艳的皮肤警告掠食者要小心它们的毒性，或者甚至可能就是迷惑敌人。据说，中美洲和南美洲的原住民在狩猎时会把箭尖在这些毒蛙背上摩擦一下。生活在哥伦比亚的金色箭毒蛙的毒性最强。它全身是鲜艳的黄色，体长仅 5 厘米，但一只所含的毒素就能杀死 10 个成人。其分泌物中所含有的箭蛙毒素（BTX）一旦被摄入体内，就会嵌入沿着神经和肌肉传导电脉冲的蛋白质中，干扰信号的传递，最终导致因麻痹和心脏病发作而死亡。

自 20 世纪中期以来，能杀死多种细菌或对其生长繁殖有抑制作用的抗生素拯救了数亿人的生命。然而，滥用使一些细菌（比如耐甲氧西林金黄色葡萄球菌，简称 MRSA）对抗生素产生了抗药性。21 世纪公共卫生的基石之一面临着被削弱的威胁。正因如此，找到细菌感染的新疗法刻不容缓。蛙类也许为未来研究提供了一条有效途径。它们的皮肤上含有天然抗生素，因此才能够在充满细菌的水里畅游，同时伤口却不会受感染。例如，原产于北美西部的黄腿山蛙的皮肤可能可以用来抗击 MRSA 感染。有点儿自相矛盾的是，一些最危险的蛙类同时也是具有高潜在价值的新疗法的来源。毒蛙的分泌物可用来制强力止痛药、肌肉松弛药、麻醉药。

非洲爪蟾见于撒哈拉以南非洲的大部分地区，是微型生物活体机器人（xenobot）这项技术的源头。该技术发明于 2020 年，可能将使医学发生革命性的巨变。它的英文名之所以是 xenobot，是因为非洲爪蟾的拉丁学名为 Xenopus laevis。它是科学家从非洲爪蟾的胚胎中提取皮肤干细胞和心肌干细胞后制成的长度不足 1 毫米的合成有机体。皮肤细胞使它合成一体，心脏的跳动则让它能够移动。其形状是基于一种复杂的计算机算法，并采用试错法（trial and error）设计出来的。这种活体机器人被编程后就能携带和推动东西。它们既可以单独工作，又可以协同作业，而且还具有自愈能力，并能存活数周。人们希望未来可以用它们将药物送入体内，以及清除动脉斑块。甚至更大有可为的是，也许可以用它们除掉海洋中的塑料微粒，或者将有毒泄漏物清理干净。

严重威胁蛙类（和其他两栖动物）生存的是一种被称为"蛙壶菌"（Bd）的真菌。它是一种靠水传播的真菌孢子。蛙的皮肤染上了它，它就在上面生长、发芽，产生更多的孢子。在此过程中，它使皮肤退化，最终导致受感染动物因心脏病发作而死亡。这种真菌特别难以对付，因为它可以"游"一段短距离，在皮肤外还可以存活数周甚至数月。此外，感染后还要过几天，动物才会死亡，这意味着受感染的两栖动物有更长的时间传播它。1998年，人类才首次发现蛙壶菌。但至晚从 20 世纪 70 年代起，它就一直在世界各地屠戮两栖动物。最近的研究显示，它可能源自朝鲜半岛，因为当地的两栖动物对蛙壶菌已进化出了抵抗力。它的传播可能始于朝鲜战争（1950—1953 年）结束后。当时，士兵们在不知情的情况下将受感染的两栖动物和武器装备一起带回了自己的国家。随后，这些两栖动物所引入的疾病对当地的种群造成了巨大破坏，那里的动物们对蛙壶菌没有抵抗力。此外，全球两栖类宠物市场的发展也加剧了蛙壶菌的传播。现在，美洲、欧洲、澳洲、非洲各地都爆发了蛙壶菌及类似真菌的感染。虽然杀真菌剂可以治疗感染，但不能轻易随便地用在野生两栖动物身

大西洋马蹄蟹

美洲鲎试剂（LAL）被用于检测医疗过程和医疗设备是否受到了细菌污染。该检验试剂唯一已知的天然来源是大西洋马蹄蟹（实际上，大西洋马蹄蟹跟蜱虫、蜘蛛、蝎子的亲缘关系更近一些）的血液。它是一种"活化石"，从大约 4.45 亿年前至今就没变过。每年，成千上万只大西洋马蹄蟹被收集来放血，最后会被放生。在此过程中大量死亡，这使它成为易危物种。近来的保护工作以及 2003 年研制成功的合成鲎试剂对保护它应该都有所帮助。

上。于是，蛙壶菌就成了一个可怕的威胁，已经造成大约 100 种两栖动物灭绝，剩下的两栖动物中还有超过 30% 的其数量在减少。蛙和其他两栖动物可能处于大规模消亡的边缘，灭绝的程度恐怕跟恐龙的差不多。

多莉羊

几千年来，人类一直在选择性培育动物（和植物），努力培育出最有价值的样本。克隆代表着这种努力所能达到的顶峰，它为生态和健康问题提供了强大的解决方案，但同时也提出了伦理问题。集这项技术的好处和危险于一身的动物是多莉羊，它是第一只用成熟的体细胞成功克隆出的哺乳动物。

公元前 8000 年左右，绵羊（sheep）是继狗之后的第二种被驯化动物。它的祖先是野生的摩弗伦羊，在美索不达米亚被驯化为家畜。人类养它是为了羊奶、羊肉和羊皮，但也许羊毛才是绵羊成了如此受欢迎的品种的原因。到了青铜器时代，羊毛被纺成纱线，再被织成纺织品。很少有动物能像绵羊一样有效地将牧地转化为服装和肉类，正因如此，全球现在有超过 10 亿只绵羊。

罗斯林研究所位于爱丁堡附近，正式成立于 1993 年，从事动物生物学方面的研究（它的起源可追溯到创办于 1919 年的爱丁堡大学的动物遗传研究所，于 2008 年正式成为爱丁堡大学的一部分）。罗斯林研究所的主要关注点之一是农场动物，希望通过选择性育种改善它们的健康状况和提高其生产能力。1996 年多莉羊的诞生是该任务的一部分。它是第一只用成熟的体细胞克隆出的哺乳动物，是伊恩·维尔穆特爵士兼教授（生于 1944 年）负责的一个项目的一部分。该项目旨在培育奶水中所含的蛋白质能用于治疗人类疾病的动物。

在多莉之前，用较复杂物种的成熟体细胞克隆被认为是不可能的（尽管用青蛙的已经成功了）。这是因为，细胞一旦完全分化（cell differentiation）成为具有一定功能的细胞（例如器官细胞、皮肤细胞、肌细胞），就会丧失变成其他任何一种细胞类型

的能力。以前，人们认为只有胚胎细胞才可以长成任何类型的细胞。其实，维尔穆特的团队甚至一直没试过用成熟体细胞克隆。他们一直用的是胎儿细胞，而只在对照组中用成熟体细胞。

诞生之初，多莉名叫"6LL3"。它是用一只6岁大的芬兰多赛特绵羊的乳腺细胞创造出来的。为了使细胞停止生长和分裂，人们把它们放入低营养的培养液中"挨饿"，接着放入一个未受精的"宿主卵"（其细胞核已被移除）中，该卵细胞来自另一个绵羊品种——苏格兰黑脸羊，然后用温和的电脉冲使乳腺细胞和宿主卵细胞融合，并促使它重新开始分裂。此过程被称为"体细胞核移植"（SCNT）。人们创造出277个胚胎，将它们植入13只代孕母羊的子宫中。只有一只怀孕了，它于1996年7月5日产下了多莉（得名于乡村音乐偶像多莉·帕顿）。1997年2月22日，研究团队向公众宣布了多莉的存在。它引发了一场媒体风暴，并一举成名。

多莉继续生活在罗斯林研究所里，跟一只威尔士山地公羊育有6只小羊羔。可能是因为它长时间待在一间铺着水泥地板的羊棚里（出于安全考虑），并且为了让它乖乖地摆好姿势拍照，人们还喂它吃零食，导致它越来越胖，所以患上了关节炎。2003年2月10日，人们发现多莉不停地咳嗽。四天后，扫描显示它的肺部有肿瘤。于是，人们决定对它实施安乐死，使它少遭一点罪。多莉只活到了6岁（绵羊的正常寿命是10岁左右）。它的遗体被捐赠给爱丁堡的苏格兰国家博物馆，至今仍在那里展出。

自多莉以来，人们用SCNT技术还克隆出了其他几种哺乳动物，包括猪、猫、鹿、马、狗、狼、鼠和猕猴。2008 年，美国加利福尼亚州的科学家们宣布，他们用 SCNT 技术克隆出了 5 个人类胚胎，但并没有将它们植入子宫。SCNT 技术不要求细胞必须来自活体标本，因此有望用它复活已灭绝的物种。2003 年，人们用 SCNT 技术克隆出了一只比利牛斯野山羊，该野生山羊种（wild goat）在 3 年前灭绝。不幸的是，它才活了几分钟就死于肺部缺陷。用 SCNT 技术复活已灭绝很久的物种看起来好像是不大可能的，因为该技术需要一个完整无缺的细胞核，这通常是得不到的。

创造多莉所使用的方法后来被证明是费时且低效的。举例来说，怀着克隆胚胎，更有可能在妊娠期流产或者产下患有先天缺陷的胎儿。现在，克隆已被基因编辑取代了，后者可以添加有价值的特征并移除不受欢迎的。目前，最成功的基因编辑技术是"CRISPR-Cas9"。它于 2012 年被研发出来，需要使用一种能切断其他 DNA 链的 DNA 酶。这意味着它可以使 DNA 中的某些基因失去活性，同时又新增一些基因（甚至可以是其他动物的基因）。在动物身上，已经使用该技术创造出对牛结核病有更强抵抗力的奶牛，治愈了大鼠的肝病，根除了小鼠的肌营养不良症。未来，它也许会应用到人类身上，从而产生巨大的影响。

多莉之所以具有革命性，是因为它表明成熟 DNA 拥有生育另一个动物所需的所有物质。在它的启发下，一个日本团队研发出诱导性多功能干细胞，该技术使成熟体细胞经过重新编程后变得跟胚胎干细胞（胚胎干细胞广泛用于替换正在死去或有缺

陷的细胞）一样有用。此发明创造了一个可能性：从病人身上取
细胞，由此创造出干细胞，然后用它使细胞的正常运转重新启动
起来，从而治疗阿尔茨海默或帕金森之类的疾病。多莉还引发了
一波关于克隆是否符合道德标准的讨论浪潮。许多国家对克隆都
制定了严格的指导原则，只允许将它用于科学研究。无论是过
去，还是现在，人们对克隆人都怀有巨大的担忧。2005 年，联合
国发布了一份无约束力的宣言，反对克隆人。无论 DNA 的未来
如何，不管是控制 DNA，还是复制 DNA，不管是人类的 DNA，
还是非人的 DNA，多莉羊都在突破科学边界方面作出了重大
贡献。

蒙特奥西尔羊

1783 年 9 月 19 日，孟戈菲兄弟首次放飞了载着活乘客的热
气球。这些乘客是一只鸭子、一只公鸡和一只名叫"蒙特奥西
尔"（法文名意为"登天"）的绵羊。经过飞行高度为 450 米的 8
分钟的飞行后，所有动物都活着落了下来。这证明人类搭乘热气
球升空是安全的。

5

贸易与工业

蜜蜂

. . . .

数千年来，人类为了自身的利益，一直在努力控制、调节自然界。然而，无数种植物，无论是野生的还是栽培的，能茁壮成长，都离不开蜂的辛勤劳动。实际上，我们种植的可以食用的植物中靠蜜蜂传粉的超过四分之一。

几百万年前，当种子植物最初进化出现的时候，雄蕊的花粉散落在空中，风偶然才会将它恰巧吹到雌蕊上。此过程是低效且浪费的。对于植物来说，幸运的是，它们的花粉富含营养，因此多种动物，尤其是昆虫，都吃花粉。尽管这些动物吃掉了大部分花粉，但当它们飞来飞去的时候，还是把一些花粉传播到了其他花朵上。正因如此，植物进化得越来越能吸引昆虫，发育出色彩鲜艳的比其他植物醒目的花朵，从而变得越来越与众不同。植物还分泌一种富含糖分的液体——花蜜，这更进一步鼓励昆虫以花粉为食。有一种动物进化得能够充分利用植物所提供的营养馈赠，它就是蜜蜂[17]。

大约 1.3 亿年前，胡蜂（wasp）在亚洲进化而形成了蜜蜂

---

[17] 此处指蜜蜂总科，包括七科两万多种。

（bee）。蜜蜂完全依靠植物为它们提供食物，以花粉和蜂蜜（采集花蜜酿制而成）为食。蜜蜂进化出适合从植物中吸取花蜜的长口器（有些长度超过 2.5 厘米），以及可以粘花粉的多毛的身体和腿。当蜜蜂从一朵花飞到另一朵花上的时候，它们传播花粉以帮植物受精。蜜蜂的视力极佳（它们能分辨颜色），还长着两个可以探测气味的触角。有些种的蜜蜂通过跳舞传递关于花朵的有无、大小、距离、质量的信息。现在，一共有两万多种蜜蜂。

　　尽管蜜蜂以生活在蜂巢里著称，但它们最初是独居动物。大多数现存的蜂种依然保持着独居的生活方式，住在巢穴里，有时还会在地上挖洞营巢。独居蜂会将自己的卵和其发育所需的所有食物封在一起，然后就让卵自行孵化，而不去喂养自己的幼虫。群居蜂［包括蜜蜂属动物（honey bee）和熊蜂属动物（bumble bee）在内］起源于大约 4000 万年前。它们生活的蜂巢由工蜂

营建的两层六边形的巢室构成。蜂巢由蜂蜡（beeswax）和蜂胶（propolis）的混合物制成，蜂蜡是工蜂分泌的，蜂胶则是工蜂采集来的一种植物树脂。蜂巢的巢室里储存着食物——蜂蜜和花蜜。

群居蜂的生活和蜂巢是高度组织化的。蜂群里生活着三种蜂：蜂后、工蜂和雄蜂。居于中心地位的是蜂后，它产卵以繁殖蜂群（swarm），还能通过分泌化学物质来引导蜂群的行为。工蜂是繁殖器官发育不完善的雌蜂。它们采集花粉、花蜜喂养幼虫，在气候干燥时甚至还要接水蓄水。它们负责建造、清洁、守卫蜂巢，甚至还会扇动翅膀来给蜂巢降温。它们的咽头腺能分泌出一种名叫"蜂王浆"（royal jelly）的物质，幼虫孵出后的头三天里就只吃蜂王浆。如果蜂后死了，就会喂一条幼虫只吃蜂王浆，从而创造出一只新蜂后。最后，还有雄蜂，它们的唯一用处就是与蜂后交配。冬季，蜂群以储存的蜂蜜和花粉为食，它们聚成一个球以取暖，这时雄蜂通常会被赶出蜂巢。

自从我们的祖先偶遇一个蜂巢，并意识到里面的物质既能吃、味又甜之后，人类就一直食用蜂蜜（没错，猴子也被观察到在野外从蜂巢中取蜂蜜食用）。最早驯化蜜蜂的是古埃及人。他们把蜜蜂养在人工蜂巢里，这种蜂巢由陶土制成，也有用稻草编织而成的。古埃及人还会用烟把蜜蜂熏出蜂巢，以便采集里面的蜂蜜和蜂蜡，如今的养蜂人依然在使用这一技巧。古埃及人把蜂蜜储存在密封罐里，还会用蜂蜜对尸体进行防腐处理以制成木乃伊。随着时间的推移，人类发现蜂蜜具有温和的抗菌作用，于是就用它来治疗烧伤和划伤。蜂蜜广泛用于烹饪、酿酒（比如蜂蜜酒）以及把水果加工成蜜饯、果酱、罐头等的过程中。人类最常利用的蜂种是西方蜜蜂，它天然分布于亚洲、非洲和欧洲各地。它之所以是最早驯化的蜂种之一，也许是因为它多才多艺——能够从多种不同的植物中采集花粉（有些蜂种演化成只能采食一种植物）。到了19世纪，西方蜜蜂被引入美洲、澳大利亚和新西兰。在人类能大规模生产食糖和蜡烛被电灯取代之前，大多数人的糖分和人造光主要是由蜜蜂提供的。

为了充分利用蜜蜂的能力，人类一直致力于创造出更高效的新蜂种，不料却培育出了最可怕的蜂种之一——非洲化杀人蜂。它由非洲蜜蜂的亚种和欧洲蜜蜂的亚种杂交而成，源于人们想创造出一种能在热带生活的蜜蜂。不幸的是，1957年，在巴西，26只非洲蜜蜂蜂后被意外放飞。它们逃出了封隔器，与当地的欧洲蜜蜂交配后产下了非洲化杀人蜂。这种蜂的繁殖速度惊人，而且还稳步向北扩散，于20世纪80年代抵达墨西哥，1990年跨过美墨边境，进入美国境内。它们的蜂群比许多群居蜂的小，因此在密闭的空间里也能筑巢。跟其他种类相比，杀人蜂面对威胁时更具有攻击性且更加暴力：众所周知，人们一旦惹恼了它们，就会被它们追着跑超过半英里的路，目前已有1000多人死于它们之手。

对于人类而言，蜂依然是极其重要的。如果没有它们，多种植物的繁殖效率就会下降。此外，靠蜜蜂自然传粉的庄稼的质量可能更高。尽管蜜蜂如此重要，但是在世界各地，它们都面临着多重威胁——栖息地的丧失、杀虫剂的使用和气候变化。除非这种情况得以扭转，否则蜜蜂数量的减少对农业经济和环境都将造成严重的后果。

牛

....

1万多年前，牛被驯化成了家畜。从此以后，它一直都是最有价值的动物之一，主要是因为它能提供牛肉和牛奶。牛还有许多其他用处。牛皮可以用来制皮革，牛骨和牛蹄则可以用来制明胶（把骨、蹄磨碎后也能做成肥料）。从牛脂肪里提炼出的牛油可用于制造肥皂、蜡烛、炸药等一系列产品。牛粪是一种有效的粪肥，而且干牛粪还可用作燃料。牛也可以当役畜使用。在机械化之前，它们在犁地、拉货甚至开动机器的过程中都发挥了巨大的作用。因此，在许多社会里，拥有牛是地位和财富的最重要标识，就不足为奇了。不仅如此，许多宗教还崇拜牛。印度教尤其崇拜，他们把牛视为代表神的恩赐的圣物。结果就是，许多印度教的统治者禁止杀牛，如今在印度的许多邦，屠宰牛仍然是非法的。

原牛（auroch）是一种野牛，曾经遍布欧亚大陆和北非，比现代牛稍大一些，凶猛，奔跑速度快，牛角可以造成重伤。尽管如此，因为它们具有成为役畜和肉奶来源的潜力，所以它们还是被驯化了。驯化过程分别独立地发生在两个地方：一个是近东——家牛（humpless taurine cattle）的原产地，家牛是现在数量最多的亚种；另一个是印度次大陆——瘤牛（zebu）的故乡，其特色是肩部有一个脂肪突起物，它最常见于南亚和非洲。牛能适应各种不同的气候和栖息地，这使它成为最常见的农场动物之一。牛通过吃草就能产出肉、奶这类食物，同时放牛的土地除了当牧场外也许不能用于农业生产，这些就是牛在全球都如此受欢迎的部分原因。牛可以仅靠吃草过活，因为它们通过咀嚼、反刍，再重新咀嚼几次，就能消化草的坚韧纤维。牛胃由四个室组成，里面生活着一些细菌和其他微生物，它们负责进一步分解食物。在牛大获成功的同时，原牛的数量却在稳步减少。1627 年，已知的最后一头原牛在波兰死去。

现在全世界一共有超过 14 亿头牛，而且在过去的 60 年里，随着人们对牛肉和牛奶的全球需求的增加，牛的数量还在增加。这跟全球生活水平的提高有关，因为千百万曾经没钱经常买肉的人现在可以经常吃肉了。为了满足这种需求，畜牧业已变得越来越集约化，同时数百万公顷土地也已被改为牧场。

跟种植物相比，畜牧是一种低效的土地利用方式。将 1 万平方米的土地拿来给牛吃草，牛一年产出的食物只能喂饱一个人，但如果把同样面积的土地拿来种土豆，一年的产量能喂饱 22 个人。为了要牧场，养殖场主常常还会破坏森林。在亚马孙河流域，这种弊端尤其显著，那儿的牧场主每年都要砍伐并烧毁数千平方千米的雨林。如果毁林行为持续下去，而不有所收敛的话，它会给环境造成越来越严重的灾难性影响。这是因为亚马孙河流域的树木能吸收二氧化碳，从而减缓了气候变化，同时又通过光合作用制造出了全世界五分之一的氧气。牛还以另一种方式加剧了气候变化。它们的消化过程所产生的副产品是大量的甲烷（其中 95% 源自牛打嗝）。甲烷是一种有害的温室气体，它对全球变暖的贡献率是 20% 左右。通过选择性育种消除牛消化道里产生甲烷的微生物，也许就能降低甲烷的排放量。

种痘

天花曾经是全球的一大祸害，病人的死亡率超过三分之一。1796 年，英国医生爱德华·詹纳（1749—1823 年）注意到，挤奶女工染上牛痘——一种类似天花却较温和的疾病后对天花也许产生了免疫力。随后，他就用从牛痘脓疱中取出的物质发明出一种天花免疫法。到了 1980 年，"种痘"（英文 vaccination 源自拉丁文中意为"牛"的单词 vacca）使全球消灭了天花，而且接种概念还被用来研发针对其他疾病的免疫法。

微薄的利润驱使养牛户一有可能就最大限度地提高牛群的生产能力。选择性育种培育出了产奶量更高的奶牛品种。肉牛育种的主要目的是使它们尽快长到屠宰体重，这一目标可通过饮食来实现。在许多地区，尤其在美国，通常不是在草场上养牛，而是喂牛吃玉米（有时还喂谷物和大豆），因为玉米所含的淀粉和糖分量比草高，这就加快了牛的增重速度，同时给牛注射生长激素也成了惯例。喂牛吃非自然的不合适饮食常会导致它们的健康出问题，因而要例行给牛打抗生素，以抵抗感染。综合使用这些手段意味着，15 个月大的牛就可以被宰了，售卖价格也更便宜。

人们在追求养牛业的效率越高越好的过程中，付出了一些意想不到的代价。其戏剧性的表现就是 20 世纪 80 年代英国暴发了牛海绵状脑病（BSE），即俗称的"疯牛病"。这种致命的神经系统变性疾病（Neurodegenerative Diseases）的根源在于人们喂牛吃了由其他动物的尸体和内脏制成的受污染的蛋白质补充剂。如果人类吃了染上疯牛病的牛的肉，就会患上变异型克罗伊茨费尔特 – 雅各布病 [18]，该病会使脑细胞受损，导致病人在发病一年内死亡。该事件表明，养牛业对待新技术有必要保持谨慎，提高效率、降低成本或许会以公共卫生和环境为代价。

---

18 vCJD，即变异型克雅氏病。

蚕

·········

公元前 27 世纪时，黄帝统治着中国。他在位时间长达一个世纪，并取得了许多伟大的功绩，包括发明船、弓和文字。他的妻子嫘祖则发明了中华文化的另一大特色——养蚕制丝（sericulture）。传说，在她喝茶时，一个蚕茧掉进了她的茶杯里。她将这个蚕茧制成了丝线，接着又用织布机织成了布。被该织物的韧性和光滑度深深吸引的嫘祖下令种植桑树，以供蚕食用，后来又教其他女人如何制丝。

原产于中国的蚕是毛虫，它是蛾或蝴蝶的幼虫。蚕由卵发育而来，蚕卵经过 7 到 14 天的孵化，孵出 1 毫米长的毛虫。它们以桑叶为食，大约 30 天后，就会长到 5 克重、8 到 9 厘米长。在准备变成蚕蛾的过程中，它们把自己裹在一个茧里。蚕茧由一缕连续的细丝线缠绕而成，蚕丝则是一对丝腺的分泌物凝固而成的纤维。毛虫在蚕茧内待了 3 天后变成蚕蛾，破茧而出。

公元前第三千纪中期，中国最先养蚕制丝。几百年后，印度才开始用类似的工序来制丝，但所用的蚕蛾种类不同。生丝生产是一个耗时费力的过程。蚕必须生活在 24 到 29 摄氏度的恒温环境里。因此，蚕房里的火不能灭，这才能确保房间不会太冷。等卵孵化成蚕后，将蚕宝宝和桑叶一起放在浅盘上。不能让蚕破茧而出，因为这会毁了蚕丝，而是应该把蚕茧放在既热又干的烤箱里烤，或是用蒸汽蒸，以杀死幼虫。随后再小心翼翼地把细丝解开，绕在线轴上。然后，把这一缕缕丝纺成线，再把线编成织物。丝绸柔软，易染色，结实却轻质，可惜产量极低，5万个蚕茧才能制成1千克的丝线。因此，丝绸一直都是奢侈品，虽然价格不菲，但却深受青睐。此外，对丝绸这种材料的需求使一个连接欧洲和亚洲的贸易网络得以创建起来。

从公元前202年到公元220年，汉朝统治着中国。公元前130年左右，汉武帝（公元前157—公元前87年）决定开放中国，跟西域进行贸易往来。这导致了"丝绸之路"的诞生。这个贸易路线网的起点是中国西北部的城市西安，由此向西延伸，穿过中亚，最后到达地中海沿岸，还包括了阿拉伯半岛、波斯、印度次大陆和东南亚的一些扩展地区。除丝绸外，诸如茶、染料、瓷器、香料、药物、纸、火药、玉器之类的商品也被运往西方，而马匹、葡萄、裘皮、兽皮、蜂蜜、贵金属和琥珀则被运往东方。丝绸之路传播了思想理念，它在佛教和基督教的传播过程中发挥了重大作用，但同样也传播了疾病，比如鼠疫可能就是通过它传入欧洲的。

罗马贵族精英把丝绸变成一种令人难以置信的时尚，因此卫道士们谴责丝绸堕落、不道德。公元1世纪，甚至颁布了一道圣旨，禁止男人穿丝绸衣服。从长远来看，它几乎没有削减丝绸的受欢迎程度。对欧洲人来说，丝绸的主要问题是价格贵得让人落泪。中国政府会仔细搜查贸易商队，检查其中是否有蚕，并确保

制丝方法不会西传（然而，其他亚洲国家，例如公元前 1 世纪的
朝鲜、公元 3 世纪的日本，还是会用中国的技术制丝）。公元 6
世纪，情况发生了变化。当时，两名修道士把蚕装在中空的竹杖
里，将它们成功地偷运到了君士坦丁堡。最终，制丝从君士坦丁
堡扩散到了欧洲的许多地区。到了中世纪，法国和意大利成了欧
洲的两个主要丝绸生产中心，一直到 19 世纪都是如此。19 世纪
时，欧洲蚕染上了传染病，而且自 1869 年苏伊士运河通航以来，
从中国和日本进口的丝绸价格便宜了，这都导致了欧洲制丝业的
衰落。

在中世纪的大部分时间里，沿着丝绸之路所进行的贸易往来
一直具有重大的意义和深远的影响。14 世纪中叶之后，蒙古帝国
的崩溃导致丝绸之路所经过的地区在政治上也四分五裂了。沿着
丝绸之路的交通也中断了，因为不再有一个强有力的中心大国维
持秩序。奥斯曼帝国和波斯之间的战争对此也起到了破坏作用。
到了 15 世纪中叶，丝绸之路虽然在一些地方仍然存在着，但已
不再是曾经那个横贯大陆的网络。欧洲国家开始寻找通往东方的
海上航线，使之能够跟亚洲进行直接的贸易往来。这为欧洲的殖
民主义和帝国主义在美洲新大陆的确立奠定了基础，并将开创一
个全球化的新时代。

帝王紫

骨螺是一类肉食性的海螺，它分泌的黄色液体暴露在日光下就会变成紫色的染料。腓尼基人宣传推广了这种染料。公元前 1200 年，他们在整个地中海地区交易它。它又被称为"推罗紫"，因为它的主要生产中心是今黎巴嫩的推罗古城。它染出的颜色鲜艳明亮，且不褪色，但制作它既困难又费时，因此它是极其昂贵的奢侈品。只有富有的精英才买得起。在罗马，人们把它跟权力和地位联系在一起。

单峰驼

......

机动的交通运输工具问世之前，在干旱贫瘠地区，骆驼是长途贸易的支柱，因为其他大多数动物在那里连存活都成问题，更不用说运送货物了。与双峰驼不同，单峰驼只有一个用来储存脂肪的驼峰。它帮助单峰驼在不喝水的情况下可以活一周。如果能喝到水，它们可以快速补水，10 分钟内喝下超过 100 升的水。单峰驼还具有有助于沙漠工作的许多其他特征：生存所需的食物极少；吃其他动物不吃的植物（例如荆棘）；长着保护眼睛、用来防沙的三层眼皮和两排长睫毛；胸部和膝盖上有角质垫，躺下时可以防热。单峰驼有耐力、强壮，脾气通常温和，这使它们很适合当驮兽，它们轻轻松松就能驮起 100 千克的重物。它们也可用作役畜或坐骑，还能提供奶、肉这类食物。单峰驼短距离冲刺的速度可达 65 千米/时，因此赛骆驼在有些地方是一项流行的体育运动。

从公元前 3000 年到公元前 2000 年间，单峰驼在阿拉伯半岛被驯化了（因此，它又叫"阿拉伯驼"）。公元前 9 世纪，埃及最早引进了它。到了公元 4 世纪，整个北非都普遍用它。它的最大作用是连接了北非和西非。来往于这两地之间，就需要穿越撒哈拉沙漠，这是危险而耗费时间的。欧洲人发现西非有丰富的黄金矿藏，这让穿越撒哈拉的危险和费用都变得值得了起来。从 4 世纪起，贸易商队就开始穿越撒哈拉，全程 1000 千米，历时长达 3 个月。撒哈拉沙漠被北非柏柏尔人控制着，他们许多人都是游牧民。他们对该地区十分了解，熟知点缀沙漠的绿洲和水井的位置。除黄金外，前往西非的商人还设法购买奴隶、象牙、鸵鸟羽毛以及其他东西。西非主要进口当地供给不足的盐，以及马匹、香水、香料。

双峰驼

现存体形最大的骆驼品种是双峰驼，它原产于中亚大草原，早在公元前 4000 年的时候，就在那里被驯化了。与单峰驼不同，它们有两个驼峰。冬天会长出蓬乱的长毛来，这样一来，即使遇到极寒的天气，也能扛住。双峰驼是丝绸之路上运送货物的主要驮兽之一，每天能够驮着 200 千克的货物，走 50 千米的路。野生双峰驼在中国北方和蒙古南方过着群居生活，它们跟双峰驼有亲缘关系，但仍是独立的一种。

公元 7、8 世纪的时候，倭马亚哈里发征服了北非，结果使伊斯兰教成了那里的主要宗教。在入侵过程中，阿拉伯的侦察兵、骑马步兵和弓箭手都骑单峰驼。在接下来的几个世纪里，许多阿拉伯人移居北非，导致阿拉伯语成了当地的主要语言。跨撒哈拉贸易和单峰驼使伊斯兰教得以进一步传播。大部分的柏柏尔人已皈依了伊斯兰教，于是就将该教传入了西非的许多城市。伊斯兰教的信徒包括马里帝国的统治者。到了 13 世纪早期，马里帝国已成为西非的头号强国,统治着 120 万平方千米的领土。帝国最有成就的统治者是穆萨一世(约 1280—约 1337 年),他对黄金交易的控制权使他成为史上最富有的人之一。他于 1324—1325 年间前往麦加朝圣,在开罗大肆挥霍,以致金价跌了 20%。同时,跨撒哈拉贸易也创建了文化纽带,因为许多学者、建筑师、工匠也去了西非。因此,柏柏尔人于公元 1100 年兴建的贸易站——廷巴克图就成了世界上最伟大的伊斯兰学术研究中心之一。

从 15 世纪晚期起,跨撒哈拉贸易的重要性就开始下降。这是因为欧洲国家,比如葡萄牙、西班牙和英国,经由大西洋建立起了直达西非的海上航线。因此,就不再那么需要载着货物穿越撒哈拉了,但对于当地贸易而言,尤其是较偏远的地区,单峰驼仍然很重要。

单峰驼不止在北非、阿拉伯半岛,还在整个中东和印度次大陆,最近又在澳大利亚,都是极其重要的动物。澳大利亚的欧洲殖民者大多沿着海岸线聚居,避开广袤、干旱的内陆。为了找到运送货物穿过内陆的方法,从 1870 年起,澳大利亚就开始进口单峰驼。在接下来的 50 年里,约两万头骆驼抵达澳大利亚,主要来自阿拉伯半岛和印度次大陆,同行的还有 2000 名训练员。这些单峰驼帮助国家团结起来,使长途贸易成为可能。到了 20世纪 30 年代,汽车兴起,单峰驼被淘汰。于是,数千头单峰驼被放生到内陆,它们在那里繁衍生息。到了 21 世纪早期,大约有 100 万头野生单峰驼分散在 330 万平方千米的土地上。人们并不总是欢迎它们，因为它们会吃光牧草、破坏篱笆、弄断水管。因此，澳大利亚政府遵循一个政策，大规模地宰杀剔除病弱者，这导致野生单峰驼的数量降至 30 万。单峰驼已经向人类表明，即使在最严峻恶劣的环境里，它们也能轻易地活下来，非要人类干预介入，其数量才会减少。

鲱鱼

一种被称为"动力滑车"（power block）的设备在渔业圈之外鲜为人知，但是它对环境和经济产生了极其重要的深远影响，很少有其他发明在这方面能超过它。1953 年，出生于克罗地亚的美国发明家马里奥·普拉蒂奇（1904—1993 年）获得了它的专利权。动力滑车是一种机械化的绞车，用于将渔网从水里拖出来。以前，这项工作一直是费时又费力的，还容易受暴风雨天气的干扰。动力滑车使渔业发生了革命性的巨变：拖网变得更快、更轻松了，即使在糟糕天气里，也是如此。把它跟其他新技术、新产品，比如声呐、合成纤维渔网结合起来，这就使商业捕鱼船能进入的水域比之前的深，捕获的量也比以往的大。它们的捕获物中包括鲱鱼。它是一种富含脂肪的硬骨鱼，又叫"海银"，因为它身体银色，而且还具有很大的经济价值。

鲱鱼是世界上数量最多的鱼类之一，主要分布在北太平洋和北大西洋。成千上万条鲱鱼成群游动，鱼群的宽度有时可达几千米，主要在海岸线和海洋沙洲（相对浅海区）周围活动。它们以被统称为"浮游生物"（plankton）的多种小型海洋生物为食。鲱鱼反过来又被各种各样的掠食者捕食，包括鳕鱼、金枪鱼、三文鱼、鲨鱼、鲸鱼、海豹和海鸟。

鲱鱼是洄游鱼类。每年，它们从外海游到海岸边产卵，再游回外海。鲱鱼卵的直径约为 1 毫米。雌鲱鱼把卵产在海床上，一次能产 3 万颗左右。经过 10 到 14 天，幼鱼就孵了出来，但是在此之前，许多卵就已被天敌吃掉或被冲上了岸。鲱鱼可分为几个不同的种类或群体，它们都有自己的洄游模式、产卵时间和产卵地。出于人们现在仍未完全弄明白的原因，它们的年度迁移常常是无法预测的。一类鲱鱼有时会在某一年看起来好像从老地方消失了，或者那年在那片海域的捕获量极低，次年它又再度出现在老地方。

在中世纪和现代早期，鱼的消耗量很大，因为天主教禁止信徒在大斋节和其他斋戒禁食日吃肉[19]。在欧洲北部[20]，鲱鱼是最受欢迎的鱼类之一。人们通常用盐腌鲱鱼，但也会烟熏、风干、晒烤或发酵鲱鱼。在波罗的海各国，鲱鱼贸易特别赚钱。1241 年，

---

[19] 连犹太人、穆斯林都不把鱼肉当成肉类，鱼肉这种食物在天主教里象征着苦修、仁慈和贫困。

[20] Northern Europe，此当指斯堪的纳维亚半岛、不列颠群岛和波罗的海各国，不是指北欧五国。

德国北部的沿海城市吕贝克的商人们与能弄到盐的汉堡的商人们结盟了。这导致了汉萨同盟的诞生，该贸易组织后来发展壮大到囊括了欧洲北部的约 200 个市镇。到了 14 世纪，汉萨同盟控制了整个波罗的海地区的经济，贸易品不仅有盐腌鲱鱼，还有金属、谷物、木材、纺织品和皮毛。然而，从 15 世纪晚期起，面临来自其他国家的竞争，它们的支配力开始逐渐变弱。在 1669 年之后，同盟的所有活动实际上都停止了。波罗的海地区出现了一些新兴国家，其中就有荷兰。荷兰于 1415 年下水了双桅捕鲱船（herring buss）。这是一种为了用拖网捕鲱而专门设计的小帆船。人们把渔网拖上来后，立刻就把捕获的鲱鱼用盐腌起来，装入桶中。本质上，它们是今天的捕鱼加工船（factory ship）的前身。

19 世纪晚期，英国率先使用了蒸汽驱动的拖网渔船。这些船可以开得更快、更远，应对恶劣天气的能力更强，带的渔网更大，能装载的鱼也更多。到那时，冷烟熏鲱鱼，又名"基珀"（kipper），就成了一种流行产品，在国际上分销。因为需求量增加了，而且拖网捕鱼的技术更有效了，所以到了 20 世纪中期，当柴油驱动的拖网渔船普及的时候，鲱鱼的数量就有所减少，而鲱鱼外其他鱼类的数量则是暴跌。对于像挪威和冰岛这样的国家来说，这尤其具有杀伤力，因为它们的经济历来是高度依赖渔业的。从那以后，保护工作和捕鱼配额使鲱鱼的数量有所回升。

虽然鲱鱼捕捞业目前总体上是可持续的，但其他鱼类的情况则不容乐观。二战后，世界各国的政府都对渔业给予了补贴，试图确保本国食品供应的安全。因此，在接下来的40年里，整个世界渔业的年捕获量翻了四倍，于1989年达到了9000万吨的峰值。快速增长还造成了附带捕获（bycatch）的问题——人们用渔网无意中把鲨鱼、鲸鱼、海豚、海龟等也捞了上来，结果导致这些动物死亡。鳕鱼、海鲈鱼和金枪鱼这些受欢迎的鱼类数量下降得尤其快，这导致了海洋生态系统的失衡。有人甚至担心，如果继续以这种速度捕鱼，全球渔业就将于2048年之前崩溃。有鉴于此，许多国家都采取限额措施以保护渔业，但非法偷捕和打破配额仍然是个大问题。我们需要尽更大的努力使渔业在21世纪及其之后的世纪里一直保持可持续发展的态势。

鳕鱼战争

冰岛和英国之间就捕鱼权爆发了三次武装对峙——"鳕鱼战争"。它们分别发生在1958—1961、1972—1973和1975—1976年间，导火索是冰岛为了争取渔业资源而逐步扩大领海。一有机会，英国拖网渔船就继续在冰岛的领海里作业。英国皇家海军奉命去保护它们不受冰岛巡逻舰的攻击。尽管发生了猛撞船只、割破渔网、炮弹从船头上方飞过这些事，但战事并未升级。冰岛威胁要退出北约，这会有严重的地缘政治后果，于是鳕鱼战争戛然而止。最终，英国承认冰岛拥有200海里的专属经济区。

河狸

· · · · · · · · · · · ·

　　除人类外，能最大程度地改变环境以达到自己目的的动物是河狸。这种半水生的大型啮齿目动物现存两个种：北美河狸和欧亚河狸。它们的主要食物是形成层——树皮里面的植物组织中的湿润层，但也吃芽苞、树叶和嫩枝。两种河狸都生活在小溪、河流、沼泽、池塘和湖岸线上。它们在水中将原木、树枝、泥土堆积起来，建成一个穹顶状的建筑物。这就是它们的家，英文名叫"lodge"[21]。有两个水下入口的河狸窝高约 4 米，宽可达 12 米。窝内住着雌雄一对河狸及其后代，还有一些食物储备以过冬。为了让掠食者望而却步，河狸在窝周围建起了水坝，这就使窝附近的水变深了。已知最大的一个河狸窝在加拿大的阿尔伯塔省，它长达 800 米。河狸甚至还会挖掘"运河"，这样一来，树木被它们伐倒后就能沿着"运河"漂流到窝和水坝那里。

　　河狸的生活方式离不开它们咬穿木头的能力，因此它们的门齿呈凿子形状，外层还含有铁元素。河狸在水下可待上 15 分钟，还进化成了游泳健将，把尾巴当作方向舵使用。河狸的后爪

---

21 该单词还可以用来指大宅子门口看门人等居住的小屋、狩猎或滑雪等时节供人住的小屋、大学或公寓楼等的门房等。

有蹼，眼睛上有一层保护膜，褶皱的皮肤垂下来，可封住鼻孔和耳洞。让人类如此渴望得到河狸的正是它们的毛皮。它厚实、光滑、防水。河狸毛皮交易帮助北美塑造了自身的历史，驱使欧洲列强在该地区进一步扩张，并引发了帝国之间的对立、较量。

公元15、16世纪时，西欧的河狸毛皮主要源自俄国和斯堪的纳维亚半岛的北部（河狸分布的范围是从英国到中亚的欧亚大陆的大部分地区，但过度捕获大大减少了它们在许多地区的数量）。河狸毛非常浓密，因此其毛皮可以加工成品质极高的毛毡，它可拿来制帽。昂贵的河狸帽之所以有如此高的价值，是因为它防水且不易变形。有人声称，毛皮里的油脂还能提高戴帽者的记忆力和智力。河狸还提供了另一种有价值的商品——海狸[22]香，它是河狸分泌出来标记领地的一种黏稠的液态物质。它是香水和药物中的一种成分，具有很高的价值，甚至还可用作食物调味品。消费者的需求使欧亚河狸的数量大减，到了 17 世纪早期，更将它们逼到了几近灭绝的境地。然而，想要获得河狸毛皮，还有另一个来源——北美。

在欧洲人到来之前，北美一共有约 2 亿只河狸，分布范围南至墨西哥，但大多数还是集中于今加拿大的亚北极区、阿拉斯加和五大湖区。欧洲商人们全都试图借着丰富的河狸资源大赚一笔。他们派出一些捕兽者，雇了一些当地向导，还设立了一些贸易站，以便从美国原住民（Native Americans）和加拿大第一民族（First Nations）手中用枪、纺织品等商品交换河狸毛皮。为了争夺跟欧洲人交易的优先权，"河狸战争"爆发了：从 17 世纪早期到 1701 年，北美爆发了一系列冲突。冲突一方是易洛魁，是通常由荷兰和英国提供支持的部落联盟；另一方则是阿尔衮琴，是法国的盟友。幸亏有北美供应原料，欧洲的河狸帽制造业才得以蓬勃发展，该产业主要集中于英国、法国和俄国。河狸毛皮大批涌入欧洲，压低了价格。许多河狸帽再出口，又回到了大西洋的彼岸。

到了 18 世纪早期，北美的两个主要殖民大国是英国和法国。

---

22 "河狸"是学名，别名"海狸"。

两国的殖民者经常为了土地发生冲突。1754 年，法国－印第安人战争爆发。随着战争的扩大，它成为覆盖面更广的七年战争的一部分。七年战争是首次全球冲突，从 1756 年一直持续到了 1763 年。在北美，英国打败了法国，迫使法国割让了那里的殖民地（纽芬兰岛近岸的两座小岛除外）。这使英国商人主宰了河狸交易。对北美河狸而言，幸运的是，从 19 世纪中期起，丝绸开始取代毛毡成为最时尚的制帽材料。这很可能救了北美河狸，使它们免于灭绝。

阿根廷河狸

1946 年，阿根廷政府将河狸引入全国最南端的火地岛省。他们希望河狸毛皮能成为一种有价值的商品，不料全球动物毛皮需求下降，因此希望落空了。当地没有天敌的河狸于是就繁衍发展。它们的活动使河流改道，破坏了树木和草地。它们咬穿电缆，使能源供应和通信中断。现在，一共有 7 万到 11 万只河狸散布在 7 万平方千米的区域里，而且还扩散到了邻国智利。

尽管对河狸毛皮的需求已不再旺盛，但几十年的猎捕，加上栖息地的丧失，还是导致到公元 1900 年时，北美河狸也许只剩下区区 10 万只了。从那以后，保护工作使它们的数量增至 1000 万左右。欧亚河狸的总数就不那么健康了。20 世纪初，它们少到只剩 1200 只，现在增加到 60 多万。蒙古、英国和瑞典等国已成功地重新引进了欧亚河狸。健康的河狸总数至关重要，因为它们的水坝扩大了湿地的面积，为水禽和鱼类创造了栖息地。河狸坝还能过滤掉水中的污染物和沉淀物，减少水蚀。河狸筑坝而形成的湿地还能充当防火带，从而降低森林大火的严重程度。尽管河狸毛皮曾经被人们视若珍宝，但它们的真正价值其实在于能使生态系统保持健康。

美洲野牛

2016 年 5 月 9 日，美洲野牛被正式确定为美国的国兽。500多年前，在北美大陆的内陆地区，生活着 3000 万到 6000 万头食草的美洲野牛，密度最大的是北美洲大平原（the Great Plains）。它是夹在密西西比河和落基山脉之间的广袤平地，位于今加拿大和美国境内。

美洲野牛是由现已灭绝的西伯利亚野牛[23]进化而来的。西伯利亚野牛起源于南亚，30 万到 13 万年前，经由白令陆桥迁徙到了美洲。美洲野牛的肩高可达 2 米，重可达 900 千克。西伯利亚

---

23 又名"草原野牛"。

野牛甚至更大，牛角也更长，背上有两个隆肉，而不是一个。

4万到1.5万年前，人类经由白令陆桥迁移到了美洲，在整块大陆上定居了下来。有些是美国和加拿大原住民的祖先，他们分别被统称为美国原住民和加拿大第一民族。对于那些生活在北美洲大平原上的人们的生活方式而言，野牛是必不可少的。它为他们提供了肉类，野牛皮可用来制鞋、袍和帐篷（tipi[24]）的盖布。野牛的牙齿、肌腱和角可用来制作工具、武器和首饰，甚至连它们那粗糙、长满硬毛的舌头也能当梳子用。

欧洲人的到来剧烈破坏了北美生态系统的稳定性以及当地原住民的生活方式。新疾病和暴力行径导致原住民大批大批死亡，他们的土地也成了殖民地。1783年，美国摆脱了英国统治，赢得了独立战争。此后，美国就稳步地向西扩张。这使欧洲人跟野牛（bison）有了更密切的接触。他们常称之为"水牛"（buffalo），因为它的样子很像另一种生活在撒哈拉以南非洲和东南亚的牛。从18世纪晚期起，野牛的数量就开始逐渐减少。到了19世纪早期，它们在密西西比河以东地区已经绝迹，到1840年，又从落基山脉以西地区消失，至此只剩下北美洲大平原上还有野牛。人们还在那儿它们的原栖息地上盖起了农场和牧场，导致它们失去了草地。此外，家畜还把一些疾病传染给了野牛，其中最严重的是布鲁氏菌病和结核病。

---

24 又可写作teepee、tepee，是北美印第安人用树皮、兽皮、布等制成的圆锥形帐篷。

野牛数量减少的主要原因是捕猎。人们为了可制成外套和毯子的野牛皮争相捕杀它们。在野牛的其他身体部位中，欧洲猎人们往往只对背上的隆肉和舌头感兴趣，因为可以吃，尸体的其余部分则被遗弃，任其腐烂。到了 19 世纪中叶，大批持枪猎人成群结队地来到北美洲大平原上，吸引他们的是从野牛身上所能赚取的利润。另外，被剥夺东海岸祖传土地的美国原住民被迫到北美洲大平原上重新定居。这导致他们与当地原有人口关系紧张，并使当地资源承受了更大的压力。

1851 年 9 月 17 日，美国政府与几个美国原住民部落的代表们签订了《拉勒米堡条约》。该条约和其他几十个类似的协议都规定要专门留出一些土地给美国原住民。然而，这些协议在很大程度上都未兑现。欧洲人在美国原住民的土地上定居，而且如果在那儿发现了贵金属矿床，就会加以开采。铁路的出现也是具有变革性的：它连接了美国的东岸和西岸，同时不分青红皂白地割裂了美国原住民的土地。标志事件是 1869 年史上第一条横贯大陆的铁路——联合太平洋铁路完工。为了喂饱修筑铁路的工人们，数以千计的野牛被捕杀。

19 世纪 60 年代，北美洲大平原上的美国原住民和殖民者之间的紧张关系加剧，引发了暴力冲突。为了应对冲突，美国政府采取的政策是：逼迫原住民进入保留地，任何拒绝进去的部落都被认为是"怀有敌意的"，要遭受战争的惩罚。美国原住民和政府军队之间的冲突一直持续到了 20 世纪早期，以原住民被迫移居保留地告终。削弱原住民反抗力度的主要方法之一就是捕杀野牛。公众非常热衷于猎杀野牛。除了想获利的猎人外，社会精英人士也舒舒服服地搭火车来到北美洲大平原，以射杀野牛为"娱乐消遣"。尽管这是非法的，但美国陆军对越界进入保留地去猎捕野牛的这种行为睁一只眼闭一只眼。有些州制定地方法律以保护野牛，但它们被普遍无视了。1874年，在国会通过一个限制猎捕野牛的法案之后，美国总统尤里西斯·辛普森·格兰特（1822—1885年）拒绝签字，拒绝批准它成为法律。1877年加拿大通过第一部保护野牛的全国性法律，但次年就废止了。

到了1889年，北美的野生美洲野牛只剩下不到1000头。保护工作这时才姗姗来迟。人们开始为美洲野牛设立永久的自然保护区，并制定法律保护它们，使它们免遭猎人和偷猎者的毒手。此外，牧场培育出来的野牛群也被放归野外。现在，美国有2万

欧洲野牛

西伯利亚野牛不但去了北美，而且还向西迁徙，并在那儿与原牛杂交，从而进化出了欧洲野牛。跟美洲野牛相比，欧洲野牛更大，腿更长。它们曾经广泛分布于欧洲大陆，栖息在林地里，但到了20世纪20年代，人们杀光了野外的欧洲野牛，于是就将养在动物园里的重新放归大自然。第一批被放生到波兰东北部的比亚沃维耶扎森林里。现在约有6000头野生的欧洲野牛生活在波兰、白俄罗斯、立陶宛、俄罗斯和乌克兰。

头野生的野牛，加拿大有 1 万头。这些数字足以确保它们有长远的未来，但这只相当于它们历史上的总数的一小部分。

蓝鲸

1864 年，"希望与信仰"号下水了。它的主人兼设计者是挪威人斯文·福因（1809—1894 年）。这艘长 29 米的船是第一艘蒸汽驱动的捕鲸船（尽管它也有船帆以补充动力）。它的最快速度是 13 千米 / 时，船上有一台能将鲸鱼尸体拖上来的动力绞车，甲板上还装着发射爆炸性鱼叉的枪。最终，这些创新设计成了此后 60 年里的行业标准。它们使捕鲸船开始敢去更寒冷、更偏远的水域，还能追捕更大的猎物，其中就包括蓝鲸。

蓝鲸是史上最大的动物，长可达 30 米，重可达 180 吨。它们的心脏重可达 700 千克，动脉大到足以让一个小孩在里面爬。它们的足迹遍布每一个大洋，春夏时节生活在较冷的水域，冬季则洄游到赤道水域繁殖。蓝鲸不仅是最大的动物，而且还是声音最大的动物之一。它们的"歌声"（用于交流和导航）在 1500 多千米外的地方都能被探测到，其音量超过 180 分贝，比喷气式飞机起飞的声音还要大。然而，它们声音的频率太低，以致人类无法听见。

齿鲸[25]包括抹香鲸、一角鲸和虎鲸等。它们捕食鱼类、枪乌贼，有的齿鲸甚至还捕食海豹。跟齿鲸不同，蓝鲸主要以磷虾这种微小甲壳纲动物为食。蓝鲸的进食方式是：吞下海水，再将水从口中挤出；在此过程中，水中的磷虾被口中1米长的鲸须板挡住，鲸须是由角蛋白构成的浓密刚毛；当水排干净后，就可以将磷虾咽下去了。除蓝鲸外，还有14种须鲸，比如座头鲸、灰鲸、长须鲸等。

人类捕鲸的历史至少有5000年。最早开始捕鲸的很可能是北极原住民——来自今阿拉斯加、加拿大北部和格陵兰岛的因纽特人。他们捕鲸时会使用船只和系着绳子的鱼叉，还要选较小的捕，较大的除非游进了海湾，否则不会被捕。因为鲸鱼的皮、皮下脂肪层和内脏富含蛋白质、脂肪、维生素和矿物质，所以它们一直是并将继续是因纽特人的一种重要食物。此外，鲸鱼的骨头和牙齿可用来制作工具和武器，肌腱可以用来制绳，还可以把鲸须编织成篮子、垫子。

商业猎鲸始于中世纪的欧洲。最早的主要从业人员是巴斯克人。到了公元11世纪，他们派捕鲸舰出海捕鲸。17世纪时，英国、荷兰和挪威已经建立起了他们自己的捕鲸业，欧洲殖民者在北美也有自己的捕鲸业。他们的船只最初主要在北大西洋作业，但从18世纪起，就开始将活动范围扩张到太平洋和印度洋。他

---

25 鲸类可分为齿鲸和须鲸两大类：齿鲸是有牙齿的鲸鱼，须鲸是无齿但有鲸须的鲸鱼。

们会下水一些稍小的船只，划着接近鲸鱼，等到足够近时就用鱼
叉叉。如果成功得手，就再把鲸鱼拖回主船加工处理。

鲸鱼身上最重要的部分是鲸脂。当鲸鱼还在船上时，鲸脂就
被熬成了油，储存在小木桶里。人们买它来当润滑油和照明用油
脂。鲸须的用途也很广，可以用作屋顶、马车弹簧、紧身胸衣的
骨架、裙撑里的环圈等。尽管有些地方的人吃鲸鱼肉，但他们得
到鲸鱼肉是通过以物易物，而不是商业交易，这是因为鲸鱼肉
腐败的速度很快。工业革命于 18 世纪后期始于英国，随后蔓延
到了西欧和北美，它创造出对鲸油的巨大需求。捕鲸船的船长在
19 世纪中叶之前往往不太重视蓝鲸。这是因为蓝鲸太大，大到
无法被快速屠宰，而且尸体在被拖回船上之前，常常还会下沉。
此外，它们游泳的最快速度是 50 千米 / 时。因此，当它们逃离
危险时，速度太快，快到捕鲸船追不上。

到了 20 世纪早期，蓝鲸的庞大身躯已不再能保护它们不受捕鲸船的攻击。捕鲸业采用了由挪威人首创的技术，于是敢进入较寒冷的南极和南大西洋水域，而且还利用侦察机和无线电来给目标鲸鱼定位。捕鱼加工船在海上就有能力将鲸鱼加工处理成鲸油。鲸鱼的整个尸体都有用，甚至连骨头都和肉一起熬制成劣质油，剩下的残渣被磨碎后制成肥料和动物饲料。鲸油可用来制作肥皂、人造黄油，需求量很大；也可以用于制造甘油，甘油是炸药的一种成分。此外，冷藏船的问世意味着在海上也能保藏鲸鱼肉，这延长了它的保质期，使它能够被卖掉。结果就是，从 1900 年到 20 世纪 60 年代，一共有超过 36 万头蓝鲸被捕杀。

1961 年，国际捕鲸业达到了巅峰，一年就杀了 6.6 万头蓝鲸。到那时，蓝鲸的数量显然在锐减，因此要求保护它们的呼声越来越高。1946 年成立的国际捕鲸委员会（IWC）以保护鲸类、监督捕鲸业为宗旨，此时也开始强制实施更严格的配额，并采取更严厉的管制措施。1966 年，全面禁止捕杀蓝鲸。1986 年，《禁止捕鲸公约》生效。结果就是，鲸鱼的数量总体有所增加。但是，它们仍面临着许多危险：非法捕猎、气候变化、与船只相撞、缠上渔网以及人类日益增加的海洋活动所造成的噪声污染。现在，全世界一共有 1 万到 2.5 万头蓝鲸。尽管这只是一个世纪前蓝鲸总数的十分之一，但是这意味着世界上最大的动物已不再有灭绝的危险。

结论

本书展现的是，并不是只有人类才能讲述关于世界是如何变化的故事。其实，跟鲨鱼、鸟这类动物相比，人类是这个星球上异常新的成员。这使了解其他动物成了理解长期变化一个极其重要的途径。动物世界的历史还使我们得以从一个新视角审视人性，考察人是如何看待、利用其他动物的，又是如何受其他动物影响的。本书特别展现了人类是怎样彻底改变地球的。最终，对其他动物的控制、管理乃至压榨是智人成为所有生命形式中的头号支配者所必需的。如果没有其他动物提供食、住、行、衣、药以及许多其他东西，人类就无法繁衍发展。实际上，就像莱卡犬的故事所展示的那样，动物还帮助人类超越地球的边界，到太空去探索。

控制并利用自然界造福人类，这对我们自己和其他动物来说，都很危险，并都要承担后果。随着繁衍发展，人类扩散到了地球上的每个角落，我们同时也留下了一个个无法磨灭或许也无法逆转的足迹。人类与其他动物的全球活动在许多方面是同时发生的，因此有些动物得以传播疾病，造成无数人死亡。人类的扩散也导致一些动物灭绝，比如渡渡鸟和旅鸽。人类不但使它们丧失了天然栖息地，而且还引进了以它们为食的入侵物种。长远来看，如果要在人类和其他动物之间构建一种更可持续的关系，那就要求我们能够更好地理解、考察两者是如何影响彼此和环境的，并且未来还将如何相互影响。

致 谢

再次感谢迈克尔·奥马拉图书公司的出色团队——没有他们，就没有本书。尤其感谢我的编辑盖比瑞拉·内梅斯，对她的鼓励、专业和建议表示由衷的感激，同时也感谢大卫·英格菲尔德所做的校对修改和奥布里·史密斯所画的插图。此外，还要谢谢我过去和现在的学生、同事们，感谢他们的见解、热情和历史探讨。最后，感谢梅休动物福利慈善团体的每一个人，谢谢你们所做的了不起的工作以及对猫、狗、社区的支持（也谢谢你们救了我们的猫朋友——罗曼猫）。

精选参考书目

蒂姆・R. 伯克黑德 . 鸟的智慧：插图鸟类学史 . 布鲁姆斯伯里出版社，2011

杰里・A. 科因 . 为什么要相信达尔文 . 牛津大学出版社，2010

雅各布・F. 菲尔德 . 世界简史：50 个地方的故事 . 迈克尔・奥马拉图书公司，2020

R.C. 弗朗西斯 . 驯化：人造世界里的进化 . W.W. 诺顿出版公司，2015

L. 凯默勒 . 动物与世界宗教 . 牛津大学出版社，2011

D. 利明 . 牛津指南系列：世界神话 . 牛津大学出版社，2009

唐纳德・R. 普罗瑟罗 . 演化论：化石说了些什么，它们为什么重要 . 哥伦比亚大学出版社，2007

V.H. 瑞什，R.T. 卡迪那（编辑）. 昆虫百科全书 . 学术出版社，2009

卡鲁姆・罗伯茨 . 假如海洋空荡荡 . 岛屿出版社，2009

L.J. 维特，J.P. 考德威尔 . 两栖爬行类学：两栖动物和爬行动物的生物学导论 . 学术出版社，2013

D.B. 魏尚佩尔，P. 多德森，H. 奥斯莫尔斯卡（编辑）. 恐龙 . 加利福尼亚大学出版社，2007

爱德华・威尔逊 . 缤纷的生命 . 企鹅出版集团，2001

词汇表

anthrax 炭疽

antibiotics 抗生素

apex predators 顶级掠食者

arachnids 蛛形纲动物

Archaeopteryx 始祖鸟

archosaurs 祖龙

Arctic foxes 北极狐

Argentinosaurus 阿根廷龙

asteroid strike 小行星撞击地球

Atlantic horseshoe crabs 大西洋马蹄蟹

aurochs 原牛

Australopithecus 南方古猿

awards for gallantry 英勇勋章

Aztec Empire 阿兹特克帝国

B

Babylonian Empire 巴比伦帝国

Bactrian camels 双峰驼

bald eagles 白头海雕

Balto (Siberian husky) 波图（西伯利亚哈士奇）

Barbary macaques 巴巴利猕猴

Barnum, P.T. P.T. 巴纳姆

basking sharks 姥鲨

Bastet (cat-headed goddess) 巴斯泰托（猫头女神）

Batrachochytrium dendrobatidis(Bd) 蛙壶菌

bats 蝙蝠

battery farming 层架式鸡笼养鸡

Beagle, HMS 英国皇家海军舰艇"贝格尔"号

bears 熊

Beaver Wars 河狸战争

beavers 河狸

bees 蜜蜂

Berber people 柏柏尔人

Bering land bridge 白令陆桥

Bible《圣经》

bipedalism 两足动物

birds 鸟类

Black Death 黑死病

bloodhounds 寻血猎犬

bloodletting 放血疗法

bloodsuckers 吸血者

blue whales 蓝鲸

boas 蟒蛇

Bone Wars 化石战争

bonobos 倭黑猩猩

bottlenose dolphins 瓶鼻海豚

brachiation 臂跃

Broussais, François-Joseph-Victor 弗朗索瓦 – 约瑟夫 – 维克多·布鲁萨斯

brown bears 棕熊

BSE（'mad cow disease'）牛海绵状脑病（疯牛病）

Bucephalus (horse) 布塞弗勒斯（马）

bull-baiting 纵狗咬牛

burial 墓葬

bushmeat 丛林肉

Byzantine Empire 拜占庭帝国

C

caimans 凯门鳄

camel racing 赛骆驼

camelids 骆驼科

cane toads 巨型海蟾蜍

cannibalism 同类相食

captivity, animals in 圈养动物

Carboniferous Period 石炭纪

Carthaginian Empire 迦太基帝国

cartilage 软骨

castoreum 海狸香

Castro, Fidel 菲德尔·卡斯特罗

cats 猫

cavalry horses 骑兵坐骑

cave art 岩画艺术

chariots 双轮马拉战车

Charlemagne 查理大帝

Chauvet Cave, France 法国肖维岩洞

Cher Ami (homing pigeon) 雪儿·阿美（信鸽）

chickens 鸡

chimpanzees 黑猩猩

Chinese medicine 中医

Chinese writing system 中文书写系统

Christian symbolism 基督教的象征主义

Clever Hans (horse) 聪明的汉斯（马）

climate change 气候变化

cloning 克隆

cobras 眼镜蛇

cockfighting 斗鸡

Cod Wars 鳕鱼战争

cognitive abilities 认知能力

Cold War 冷战

diseases 疾病

divination 占卜

DNA (= deoxyribonucleic acid) 脱氧核糖核酸

dodos 渡渡鸟

dogs 狗

Dolly the Sheep 多莉羊

dolphins 海豚

domestication 驯化

double-headed eagle 双头鹰

doves 鸽子

Dracula《德古拉》

dragon bones 龙骨

dromedaries 单峰驼

dung 粪

E

eagles 鹰

echolocation 回声定位

eggs 蛋；卵

elephants 大象

Ellesmere Island 埃尔斯米尔岛

emus 鸸鹋

endangered species 濒危物种

Eohippus 始祖马

Ethiopian Empire 埃塞俄比亚帝国

Ethiopian wolves 埃塞俄比亚狼

Eurasian Steppe 欧亚大草原

evolutionary history 进化史

extinctions 灭绝

Hannibal 汉尼拔

Hanseatic League 汉萨同盟

Hanuman (mythical monkey) 哈奴曼（神话中的猴子）

hawks 鹰

health and healing 健康与康复

Helen of Troy 特洛伊的海伦

Helicoprion 旋齿鲨

heraldry 纹章；徽章

herrings 鲱鱼

Hinduism 印度教

hirudotherapy 水蛭疗法

Holy Roman Empire 神圣罗马帝国

homing pigeons 信鸽

hominids 人科

hominoids 类人猿

Homo genus 真人属

Homo sapiens 智人

honey 蜂蜜

horses 马

Howe Lovatt, Margaret 玛格丽特·豪·洛瓦特

huli jing (fox spirit) 狐狸精

humans, early 早期人类

humours, theory of 体液说

hunter-gatherers 采猎者

hunting and poaching 狩猎与偷猎

Huxley, Thomas Henry 托马斯·亨利·赫胥黎

I

ichthyosaurs 鱼龙

Inca Empire 印加帝国

individual species bison 个体种野牛

Indus Valley Civilization 印度河流域文明

Inuit 因纽特人

invasive species 入侵物种

Islam 伊斯兰教

ivory 象牙

J

jaguars 美洲豹

Janszoon, Willem 威廉·杨松

Jenner, Edward 爱德华·詹纳

Jesus Christ 耶稣基督

Jim (horse) 吉姆（马）

Judaism 犹太教

Jumbo (elephant) 江伯（大象）

junglefowl 原鸡

Jurassic Period 侏罗纪

Justinian I 查士丁尼一世

K

Kennedy, John F. 约翰·肯尼迪

keystone species 基石物种

Khrushchev, Nikita 尼基塔·赫鲁晓夫

kitsune (fox spirit) 狐妖

Koch, Robert 罗伯特·科赫

krill 磷虾

L

Laika (dog) 莱卡（狗）

language abilities 语言能力

Large White pig breed 大白猪

Laurasia 劳亚古大陆

Leakey, Louis 路易斯·利基

leatherback turtles 棱皮龟

leeches 水蛭

ligers 狮虎兽

Lilly, John 约翰·里利

Linnaeus, Carl 卡尔·林奈

Lion of Judah 犹大之狮

lions 狮子

livestock animals 家畜

living fossils 活化石

llamas 美洲驼

longevity 寿命

Lord Howe Island 豪勋爵岛

lucky talismans 幸运符

'Lucy' (Australopithecus) 露西（南方古猿）

M

Mahabharata 《摩诃婆罗多》

malaria 疟疾

Mali Empire 马里帝国

mammals 哺乳动物

Marsh, Othniel Charles 奥塞内尔·查利斯·马什

Martha (pigeon) 玛莎（鸽子）

Mauritius 毛里求斯

Maya civilisation 玛雅文明

medical experimentation 医学实验

megalodon 巨齿鲨

megamouth sharks 巨口鲨

Megatherium 大地懒

Meredith, Major G.P.W.G.P.W. 梅瑞迪斯少校

Mesoamerica 中美洲

Mesopotamia 美索不达米亚

Mesozoic Era 中生代

Meyer, Hermann von 赫尔曼·冯·迈耶

mice 小鼠

migration 迁徙

Miocene epoch 中新世

moas 恐鸟

molluscs 软体动物

Mongol Empire 蒙古帝国

monkeys 猴子

Montgolfier brothers 孟戈菲兄弟

mosquitoes 蚊子

MRSA 耐甲氧西林金黄色葡萄球菌

Mughal Empire 莫卧儿帝国

Muhammad, Prophet 先知穆罕默德

mummification 木乃伊制作

Musa I 穆萨一世

mythology and folklore 神话与民间传说

N

Native Americans 美国原住民

natural selection 自然选择

navigation 导航

Noah's ark 诺亚方舟

nomadic herders 游牧民

Nyasaurus parringtoni 帕氏尼亚萨龙

O

Odyssey《奥德赛》

Olmec civilisation 奥尔梅克文明

Olympic Games 奥运会

On the Origin of Species（Darwin）《物种起源》（达尔文）

oracle bones 甲骨

orangutans 猩猩

Osman, Alfred 阿尔弗雷德·奥斯曼

Osten, Wilhelm von 威廉·冯·奥斯滕

ostriches 鸵鸟

Ottoman Empire 奥斯曼帝国

Owen, Sir Richard 理查德·欧文爵士

owls 猫头鹰

oxen 牛

P

pack animals 驮兽，役畜

Pangaea 泛古陆

parasites 寄生虫

parrots 鹦鹉

passenger pigeons 旅鸽

pelicans 鹈鹕

Persian Empire 波斯帝国

Peter the Wild Boy 野彼得

Pfungst, Oskar 奥斯卡·芬斯特

Phoenicians 腓尼基人

Pig War 猪之战

pigeons 鸽子

pigs 猪

Pizarro, Francisco 法兰西斯克·皮泽洛

plague 瘟疫；鼠疫

plesiosaurs 蛇颈龙

Pliny the Elder 老普林尼

poison frogs 毒蛙

polar bears 北极熊

Porus, King 国王波拉斯

prehistoric animals 史前动物

primates 灵长目动物

pterosaurs 翼龙

Puratić, Mario 马里奥·普拉蒂奇

Pyrrhus of Epirus 伊庇鲁斯国王皮洛士

Q

Quetzalcoatl 魁札尔科亚特尔

Quetzalcoatlus northropi 诺氏风神翼龙

quinine 奎宁

Quran《古兰经》

R

rabbits 兔子

Ramayana《罗摩衍那》

Rastafarianism 拉斯特法里主义

rats 大鼠

rattlesnakes 响尾蛇

Reed, Walter 沃尔特·里德

Reynard the Fox 列那狐

Richard I（'the Lionheart'）理查一世（"狮心王"）

rock doves 原鸽

Rod of Asclepius 阿斯克勒庇俄斯之仗

Roman Empire 罗马帝国

Roman legions 罗马军团

Romulus and Remus 罗慕路斯与雷慕斯

roosters 公鸡

Roslin Institute 罗斯林研究所

Ross, Sir Ronald 罗纳德·罗斯爵士

royal jelly 蜂王浆

Russian Empire 俄罗斯帝国

S

sacrificial offerings 祭品；献祭

Saladin 萨拉丁

Samhain 萨温节

sanctuaries and reserves 禁猎区与保护区

sauropods 蜥脚类恐龙

scavengers 食腐动物

schistosomiasis 血吸虫病

selective breeding 选择性育种

senses 感官（嗅觉、听觉、听力、视觉、视力等）

serfdom 农奴制

Seven Years' War 七年战争

Sun Wukong (mythical monkey) 孙悟空（神话中的猴子）

swans 天鹅

symbolism, animal 动物象征

T

Tenochtitlan 特诺奇蒂特兰城

tetrapods 四足动物

Themistocles 地米斯托克利

therapy animals 疗愈系动物

Thyreophora 装甲龙

tigers 老虎

tigons 虎狮兽

Tiktaalik 提塔利克鱼

Timbuktu 廷巴克图

Titanosaurs 泰坦巨龙

toads 蟾蜍

Tom (cat) 汤姆（猫）

tool use 使用工具

Torah《托拉》

tortoises 陆龟

transitional fossils 过渡化石

Triassic Period 三叠纪

Triceratops 三角龙

Tsavo man-eating lions 察沃食人狮

tuberculosis 结核病

Tu'i Malila (tortoise) 图伊·马里拉（陆龟）

turtle doves 斑鸠

turtles 龟

Tyrannosaurus 霸王龙

Tyrian purple dye 推罗紫（一种染料）

wolves 狼

wool fleeces 羊毛

working animals 工作动物

World War I 一战

World War II 二战

X

xenobots 微型生物活体机器人

Xiaotingia zhengi 郑氏晓廷龙

Y

Yellow Emperor 黄帝

yellow fever 黄热病

Yersin, Alexandre 亚历山大·耶尔森

Yersinia pestis 鼠疫杆菌

Z

zebrafish 斑马鱼

zebus 瘤牛

图书在版编目（CIP）数据

50 种动物的世界简史 ／（英）雅各布·F. 菲尔德博士著；陈盛译 . — 北京：北京联合出版公司，2022.3
　ISBN 978-7-5596-5874-6

　Ⅰ . ① 5… Ⅱ . ①雅…②陈… Ⅲ . ①动物－进化－历史－普及读物 Ⅳ . ① Q951-49

　中国版本图书馆 CIP 数据核字（2022）第 017778 号

A Short History of the World in 50 Animals, by Dr. Jacob F. Field
Copyright © Michael O'Mara Books Limited 2021
First published in Great Britain in 2021 by Michael O'Mara Books Limited
All rights reserved.
Simplified Chinese rights arranged through CA-LINK International LLC (www.ca-link.cn)

50 种动物的世界简史

作　　者：【英】雅各布·F. 菲尔德博士
译　　者：陈　盛
出 品 人：赵红仕
策划监制：王晨曦
责任编辑：刘　恒
特约编辑：陈艺端
营销支持：蔡丽娟
封面设计：江心语
内文排版：王　川
插　　画：【英】帕特里克·诺尔斯

北京联合出版公司出版
（北京市西城区德外大 83 号楼 9 层　100088）
北京联合天畅文化传播公司发行
上海盛通时代印刷有限公司印刷　新华书店经销
字数 155 千字　889 毫米 ×1194 毫米　1/32　7.5 印张
2022 年 3 月第 1 版　2022 年 3 月第 1 次印刷
ISBN 978-7-5596-5874-6
定价：68.00 元